GIS

设备
原理与检修

国网浙江省电力有限公司绍兴供电公司　组编

内容提要

本书从电力发展与安全的实际出发，立足电网建设的关键设备，系统介绍了气体绝缘金属封闭开关设备（GIS）的原理与检修。全书共分五章，主要内容包括电气基础知识，GIS设备概述，GIS主要部件及原理，GIS设备的安装、验收及其相关试验，GIS典型缺陷分析。全书秉持理论联系实际的理念，在理论与原理介绍的基础上强调实际操作能力，以专业性的指导提高GIS的有效运用，进一步增强电力系统的稳定运行。

本书可作为变电运检人员的学习与培训教材，也可供电气相关专业学生学习参考。

图书在版编目（CIP）数据

GIS设备原理与检修 / 国网浙江省电力有限公司绍兴供电公司组编. -- 北京：中国电力出版社，2024.12.

ISBN 978-7-5198-9477-1

Ⅰ. TM564

中国国家版本馆CIP数据核字第2024XK5482号

出版发行：中国电力出版社
地　　址：北京市东城区北京站西街19号（邮政编码100005）
网　　址：http://www.cepp.sgcc.com.cn
责任编辑：穆智勇　张冉昕
责任校对：黄　蓓　张晨荻
装帧设计：王红柳
责任印制：石　雷

印　　刷：廊坊市文峰档案印务有限公司
版　　次：2024年12月第一版
印　　次：2024年12月北京第一次印刷
开　　本：710毫米×1000毫米　16开本
印　　张：11.25
字　　数：199千字
定　　价：70.00元

本书编委会

本书编写组

主　编　赵　峰

副主编　卢　强　蔡继东　陈小鹏　傅辰凯　吴逸飞

参　编　徐铭恺　杨　杰　崔立闯　何泽宇　郭佳航　郑国涛
李鑫龙　周　阳　李　丰　段　成　严文斌　杨嘉炜
沈　琪　陈铭伟　王　涛　徐飞越　卢乾坤　高宇男
田舟军　马永威　姒天军　刘　翼　徐鹏飞

前 言

PREFACE

气体绝缘金属封闭开关设备（GIS）是电网建设的关键设备，在电力系统中用于对输电线路进行控制、监测、保护与切换，具有使用寿命长、故障率低、可靠性高、占用空间小等特点。GIS 使用范围广，使用环境复杂（严寒、湿热、污秽、高海拔等），已实现电压等级 72.5～1100kV 的全覆盖。

随着经济的不断发展，近年来用户电量需求不断增长。在电网的不断发展下，新技术、新设备、新材料、新工艺的应用层出不穷，其中 GIS 凭借其自身的优势得到了广大消费者和电力人员的青睐。但 GIS 设备相关的检修人员素质良莠不齐、后续管理工作不到位、整体的制造水平相对落后，这些问题制约了 GIS 的发展速度，也影响了电力系统的稳定运行，降低了供电质量。

为在有效的时间内保证 GIS 设备良好的工作效果，确保变电站在运行时的安全，要求运检人员的专业能力与设备主体水平必须高度匹配。这就需要将现有的 GIS 检修技术内容按照设备的知识要点、技术技能要领、运检维护、专业检修进行梳理整合，并收集 GIS 设备常规缺陷案例，对检修过程缺陷处理进行实例分析，编制一套系统全面的 GIS 设备检修技能培训教材，提升运检人员检修水平，保障安全生产。而现有的教材更多侧重于理论讲解，部分关于缺陷案例分析的教材，也仅仅是从检修专业角度来阐述，鲜有从运检一体化的角度来全过程讲解缺陷处理的书籍。因此，编制一套专业的、指导性强的关于 GIS 的运行维护及检修消缺的培训教材势在必行。

本书围绕如何提升岗位员工的 GIS 技术技能，以建立检修队伍；如何在不同工况下运检维护，以确保其可靠运行；如何快速处理 GIS 设备出现的各类缺陷，以保障电网安全可靠这三大核心，将设备的知识要点、技术技能要领、运检维护、专业检修、缺陷处置及处理案例等内容进行有机组合，并辅以视频讲解和配套课件，力求体现理论知识够用、实际工作能力培养突出、通俗易懂、结合题库更便于自学的特点。

本书在编写过程中，参与编写和审定的专家们以高度的责任感和严谨的作风，几易其稿，多次修订才最终定稿。在本书即将出版之际，谨向所有参与和支持的专家表示衷心的感谢。另外，由于时间仓促，编者水平有限，教材中疏漏和不足之处在所难免，恳请读者批评指正。

编　者

2024 年 11 月

目　录

CONTENTS

第一章

电气基础知识

发电机、变压器、互感器等设备或电力线路，在正常运行或检修时可能需要投入与退出，在出现短路时则需借助断路器等开关设备迅速开断故障电流，切除故障设备或线路。

在正常及故障时，直接用于开断与关合电路的一次设备称为开关电器。开关电器在电网中占有极其重要的地位，其投资占配电设备投资的50%左右。本章主要讲述开关电器中的电接触理论、电弧理论、电气主接线及其运行方式。

第一节　电气设备的电接触

电接触是开关电器和电气连接的重要内容，接触部分出现问题可能会造成断线、停电或设备烧毁等严重后果。

一、电接触现象

电气设备的导电回路总是由若干元件构成，其中，两个元件通过机械连接方式互相接触实现导电的现象称为电接触。接触中出现的有关物理、化学和电气的现象称为电接触现象。电接触常指接触导体的具体结构或接触导体本身，至于接触导体本身，常被称为接触元件。在工程应用中，形成开关电器电接触的接触元件称为电触头，简称触头或触点，电接触一般由动触头和静触头联合构成。

按照工作方式不同，电接触一般可分为以下三类：

（1）固定接触。用紧固件如螺钉、铆钉等压紧的电接触称为固定接触。固定接触一般通过专用的连接件实现几段导体之间的电气连接，在工作过程中导体间没有相对运动。

（2）可分接触。在工作过程中可以分离的电接触称为可分接触，构成可分接触的基本元件是电触头，通过动、静触头间的相对运动实现电路的开断与关合。

（3）滑动及滚动接触。在工作过程中，触头间可以互相滑动或滚动，但不能分离，这种电接触称为滑动及滚动接触。

电接触的目的是导电，其基本任务是传导电流。任何电系统都必须将电的信号或能量从一个导体传向另一个导体，而导体与导体的连接处，即电接触，常常是造成电信号或能量传递的主要障碍。

二、接触电阻

如图 1－1 所示，一段导体，当通入电流 I 时，用电压表可测出导体上一小段的电压降为 U_b。将此导体切成两段，对接在一起，加力 F，形成电接触，仍通电流 I，同一位置测电接触后导体的电压降 U，就会发现 $U>U_b$，无论表面怎样处理，U 仍然会比 U_b 大得多。说明当有接触时，电阻 R 增大了，增大部分称为接触电阻 R_c。

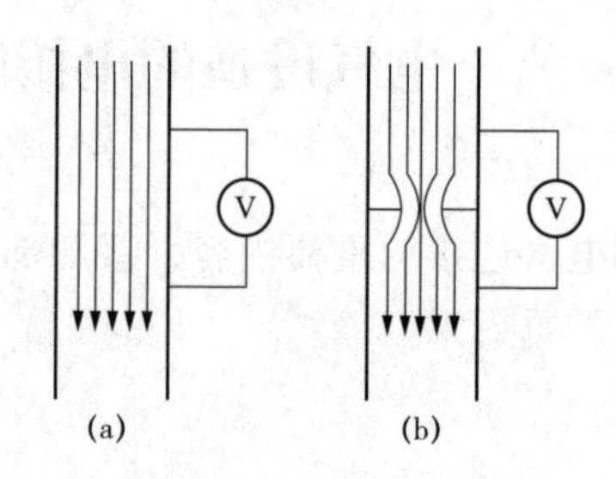

图 1－1　接触电阻

（a）电接触前；（b）电接触后

（一）产生接触电阻的原因

接触电阻值的大小是衡量触头和连接件质量的关键指标，因为触头在正常工作和通过短路电流时的发热都与接触电阻有关。

1. 收缩电阻

接触面及电流收缩如图 1－2 所示。接触处的表面不可能是理想的平面，尽管经过精加工，多少总有些微观不平，波纹起伏。实际上，两个接触面只是几个小块面积相接触，在每块小面积内，又只有几个小的突起部分相接触。这些互相接触的小突起部分即为接触点。电流流经接触表面时，从截面尺寸较大的导体转入面积较小的接触点，在此情况下，电流线会发生剧烈收缩，流过接触点附近的电流路径增长，有效导电截面减小，因而电阻值相应增大。实际接触面积减小，电流线在接触面附近发生了收缩，引起电阻值的增大称为收缩电阻。

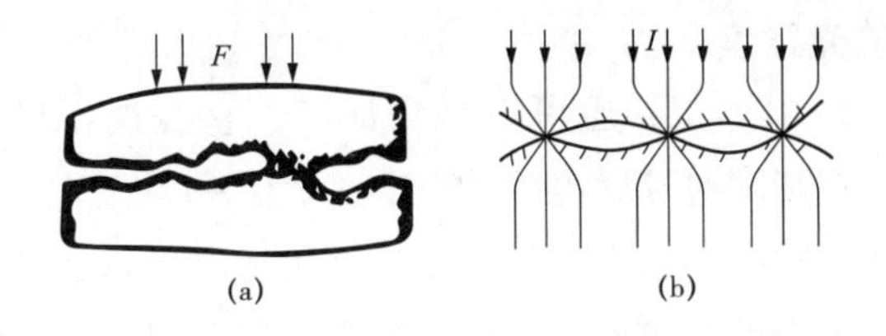

图1-2　接触面及电流收缩

（a）接触面放大图；（b）电流收缩现象

2. 膜电阻

接触表面可能被一些导电性能很差的物质（如氧化物）覆盖，引起表面膜电阻。

（1）灰尘。若压力足够大，能把灰尘压扁，可使金属良好接触。

（2）非导电气体、液体形成的吸附膜会使接触变坏。若稍加力，膜会变得很薄，当达到1~2分子层，$(5\sim10)\times10^{-8}$cm时，自由电子就可通过（隧道效应）。

（3）金属的氧化物、硫化物等形成的无机膜。对于断路器来说，金属的氧化物是主要的无机膜。金属氧化物多数是半导体，电阻率很大，使接触电阻显著增加。

（4）有机膜。如漆、蒸汽，也可能来自电器本身。

综上，接触电阻包括收缩电阻和膜电阻两部分，在工程实际应用中，由于膜电阻比收缩电阻小得多，可将膜电阻忽略。

实际上，电接触时接触面并非完全接触，而仅仅是部分区域甚至几点接触，这就是产生接触电阻的根本原因。此外，触头表面的加工状况、表面氧化程度、接触压力及接触情况都会影响接触电阻的阻值。

（二）影响接触电阻的主要因素

影响接触电阻的因素包括接触压力、接触表面的光滑度、接触形式引起的触点个数、触头材料的电阻率和触头氧化程度等。

1. 接触压力

接触压力对接触电阻有重要影响，没有足够的压力而仅靠加大接触面的外形尺寸并不能使接触电阻显著减小。接触电阻随接触压力的变化曲线是一条简单的下降曲线，但合理的最大接触压力有一定范围，接触压力过大对减小接触电阻无明显效果。利用触头本身的弹性不能保证一定的压力，因而也不能保证规定的接触电阻值。一般采用在触头上附加弹簧的方法，增加并保持触头间的接触压力，这样接触电阻较小而且稳定。

2. **接触表面的光滑度**

接触表面可以是粗加工，也可以是精加工，它表现在接触点数的数目不同。接触压力、加工精度对接触电阻的影响见表 1－1。

实践表明，过于精细的表面加工对于降低接触电阻未必是有利的，表 1－1 可以说明这一点，表中的数据是 1.6cm² 面接触在不同表面加工精度下的接触电阻值。

表 1－1　　接触压力、加工精度对接触电阻的影响

加工方式	接触电阻（μΩ）		加工方式	接触电阻（μΩ）	
	$F=10$N	$F=1000$N		$F=10$N	$F=1000$N
机加工	430	4	研磨加工	1900	1
机加工，表面有油	340	3	研磨加工，表面有油	2800	6

3. **触头材质**

不同材质的触头对接触电阻的影响主要包括以下两个方面：

（1）触头材质导电性能差异。材料的导电性直接影响接触电阻，常见的银导电性能较好，铜次之，铜银合金介于两者之间。

（2）触头材质耐磨性与接触表面氧化状态。在开合过程中，触头材料会产生磨损，磨损会导致触点表面氧化，进而影响接触电阻。银材质磨损产生的氧化层较薄，触点之间的触点压力较大，所以触头接触电阻比较小。铜银合金磨损后氧化的速度较银慢，因而在使用寿命相同时其接触电阻小于铜且大于银。而铜的氧化速度很快，因此使用寿命较短，接触电阻相对较大。

接触电阻值的大小是衡量触头和连接件质量的关键指标，因为触头在正常工作和通过短路电流时的发热都与接触电阻有关。

4. **触头氧化程度**

当触头表面出现由物理、化学等诸多因素产生的污染薄膜时，就会不断地使别的接触点丧失载流能力，接触电阻开始缓慢地增加，一旦接触点减少到某一临界值，其温升就会超过设备的允许值，进一步引起接触面的氧化，从而使接触电阻急剧上升，造成恶性循环。受大气污染的影响，各地不同程度地受到酸雨的危害，研究及资料显示，酸雨与铜接触后，会生成氧化铜、氧化亚铜、硫化铜、硫化亚铜、硫酸铜等化学物质，这些氧化物不但使接触处的接触电阻增大，同时还会进一步腐蚀接触面，产生连锁反应。

三、触头在长期工作中的问题

（一）发热

在长期通过电流时，触头接触电阻的存在会引起接触发热问题。如图 1－3 所示，当电流 I 流经触头时，温度都会不同程度地升高。触头的本体温度 θ_b 几乎相同，但在接触处，R_c 产生的热损耗集中在很小范围内。这些热量只能通过传导向触头本体传热，因此接触点处的温度 $\theta_0 > \theta_b$。

接触点温升

$$\tau_c = \theta_c - \theta_b$$

或

$$\theta_c = \theta_b + \tau_c$$

经理论推导发现

$$\tau_c = \frac{I^2 R_c^2}{8LT} = \frac{U_c^2}{8LT}$$

式中　U_c ——接触电阻上的电压降，V；

L ——劳仑兹（Lorenz）常数，$L = 2.4 \times 10^{-8} \mathrm{W\Omega K^{-2}}$；

T —— θ_b 的绝对温度。

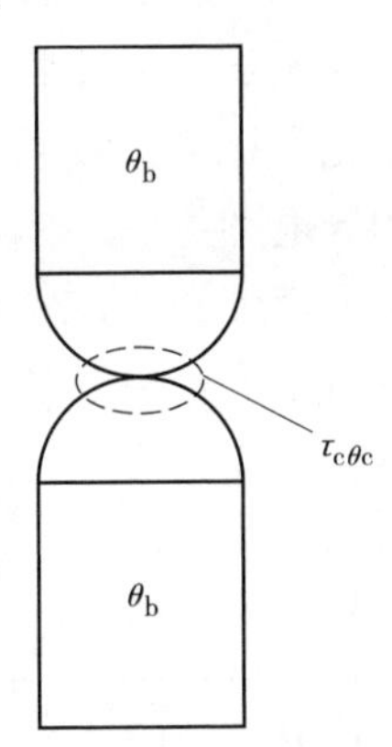

图 1－3　接触点的温度和温升

可见，触头接触电阻的存在，将引起接触点的温升；接触点温度的升高，又会反作用于接触电阻，使接触电阻进一步增加。实际上，由于接触电阻极小，在长期通过额定电流时，温升并不明显，接触点温度与触头本体温度相差无几。

如果通过导体接触处的电流增大，或者接触电阻增高，则接触压降必然相应增大，接触点温升也会相应增高，严重时接触点的温度可达接触元件材料的软化点、熔化点，甚至沸腾点。当温度达到触头材料的软化点和熔化点时，接触点及其附近的金属就会发生软化或熔化。由于热胀冷缩，软化后的接头在温度降低后，可能出现电气接触不良现象。

（二）磨损

对于固定接触而言，主要是接触点发热问题。而对于可分接触和滑动接触而言，除了接触点发热外，还有磨损问题。磨损的直接后果就是接触发热、电路接触不良或断路。

触头合分过程中，由于伴随着机械、化学、热、电等一系列的破坏作用，触头材料会消耗及转移，这种现象称为触头的磨损。其后果是使触头表面凹凸不平，以至变形，从而引起触头接触压力、接触电阻和开距等参数发生改变。

触头的磨损包括机械、化学和电磨损三种类型。

1. 机械磨损

在空载操作时，动、静触头间发生碰撞和摩擦，会造成触头的变形和触头材料的损耗，这一现象称为机械磨损。触头接触压力 F 越大，机械磨损越快。一般动作频繁的控制电器，机械磨损所占比例很小，为总磨损的1%~3%。

2. 化学磨损

造成化学磨损的第一个原因是化学腐蚀。触头金属材料氧化及有害气体的作用会引起化学腐蚀。新加工的触头表面氧化膜很薄，接触电阻较小。经长期工作后，触头表面与周围介质起化学反应，接触电阻会不断增加，引起触头的接触不良，甚至完全破坏触头的导电性能。

化学腐蚀的程度与金属种类、周围介质及温度 θ_c 有关。触头温度 θ_c 越高，化学腐蚀、氧化作用越强，接触电阻的稳定性就越差，如图 1－4 所示的 R_c-t 曲线所示。

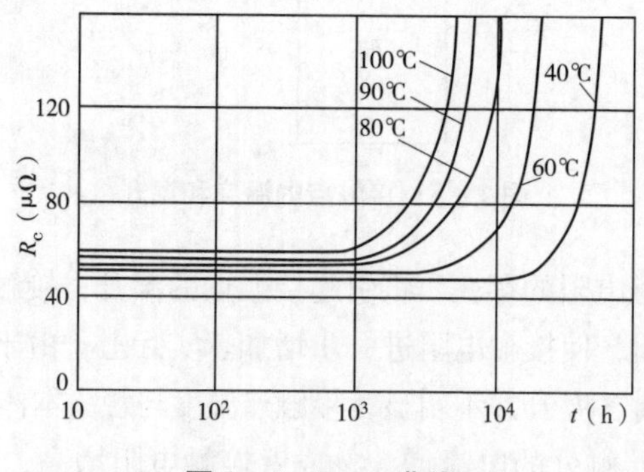

图 1－4　R_c-t 曲线

造成化学磨损的第二个原因是电化学腐蚀，即不同金属触头间形成了化学电池，其后果是造成电接触的严重破坏。

为了使接触电阻保持长期稳定，必须保证接触点在长期工作情况下的温度不过高，因为温度越高，化学反应越强，磨损就越快。另一个有效措施就是在容易腐蚀的金属上覆盖银、锡等不易发生化学反应的金属。

3. **电磨损**

在分合电路时，触头间会产生电弧，电弧的高温作用会使触头表面烧损、变形和金属材料流失，造成触头的电磨损。这一现象在开关电器开断短路电流时尤为严重。触头在开断不同电流值时，电磨损的情况差别很大。电磨损的形式可分为以下两种：

（1）短弧、弱弧和火花放电。一般发生在继电器等弱电电器中，触头间隙较小，金属汽化与重新沉积互相作用，对触头产生磨损。

（2）大功率电弧的烧损。当开断电路时，产生电弧的温度极高，可能熔化金属触头，加上断路器的吹弧作用，可吹走液态金属，形成严重磨损。

电磨损是可分触头磨损的主要形式，决定了触头的电寿命。减少大功率电弧电磨损的措施有：①选择耐高温的铜钨、银钨等合金触头材料；②减少燃弧时间；③加引弧装置，使弧根移动；④分断速度不宜太低。

此外，对于开关电器来说，触头在关合过程中，特别是关合短路电流时，可能产生触头熔焊现象。关合过程中的电弧会使接触部分强烈发热，在几秒的时间内，触头可能因过热而出现局部熔化、金属喷溅甚至相互焊接等情况。当开关发生金属性熔焊后，动、静触头直接焊接在一起，再也无法打开，开关便失去了它的职能。

四、对电接触的基本要求

接触元件接触时为良好的导电体，接触元件分离后为良好的绝缘体。为保证电接触可靠工作，对电接触的技术要求如下：

（1）在长期通过额定电流时，电接触的温升不应超过标准规定的允许值。

（2）在通过短时短路电流时，电接触不发生熔焊或触头材料的喷溅。

（3）在关合过程中，触头不应发生熔焊或严重损坏。

（4）在开断过程中，触头的电磨损尽可能小。

对于固定接触、滑动或滚动接触，它们的工作性质决定了只须满足前两项要求。

第二节　电气设备的电弧理论

开关电器主要用来开断与关合正常电路和故障电路或用来隔离高压电源，根据开关电器在电路中担负的任务，可以分为下列几类：

（1）仅用来在正常工作情况下开断与关合正常工作电流的开关电器，如高压负荷开关、低压隔离开关、接触器等。

（2）仅用来开断故障情况下的过负荷电流或短路电流的开关电器，如高、低压熔断器。

（3）既用来开断与关合正常工作电流，也用来开断与关合短路电流的开关电器，如高压断路器、低压自动空气开关等。

（4）不要求断开或闭合电流，只用来在检修时隔离电压的开关电器，如隔离开关等。当用开关电器开断有电流通过的电路时，在开关触头间就会产生电弧，尽管触头在机械上已经分开，但电流仍会通过电弧继续流通，即电气上仍然是连通的。只有当触头间的电弧完全熄灭，电流停止后，电路才真正开断。电弧的温度很高，很容易烧毁触头，或破坏触头周围介质材料的绝缘。如果电弧燃烧时间过长，开关内部压力过高，还有可能使电器发生爆炸事故。因此，当开关触头间出现电弧时，必须尽快予以熄灭。

一、电弧

开关电器在开断电流通路时，只要电源电压高于 10～20V，且电流大于 80～100mA，在触头间就会出现电弧。电弧一旦产生，很低的电压就能维持稳定的燃烧而不熄灭。

当电子流从阴极（带负极性的触头）穿过击穿的气隙运动到阳极（带正极性的触头）时，形成击穿放电，并发出强烈的白色弧光，这就是电弧。如图 1－5 所示，电弧由阴极区、阳极区和弧柱区三部分组成。

电弧是一种能量高度集中、温度极高、亮度很大的气体放电现象。弧柱区中心温度可达 10000℃以上，表面温度也有 3000～4000℃。

二、电弧的形成和熄灭

正常时，动、静触头周围是绝缘介质。一般来说，当温度升高到 5000℃以

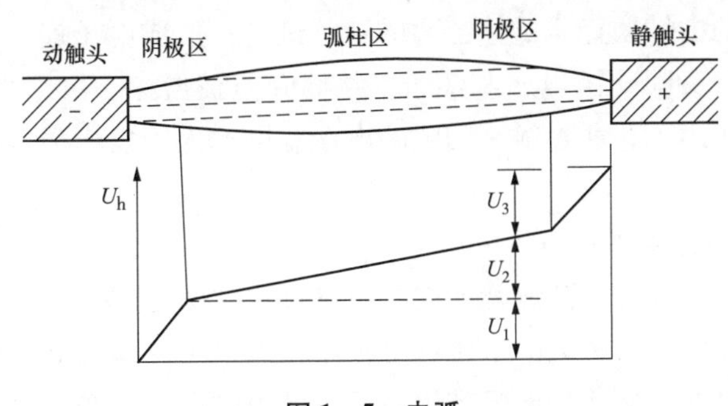

图1-5　电弧

上时，物质就会由气态转化为第四态，即等离子体态。等离子体态的物质都是以离子状态存在的，具有导电的特性。电弧的产生使得介质发生了物态的转化，断口间的绝缘介质变成导电体，电弧的形成过程实际上就是绝缘介质向等离子体态的转化过程。

（一）电弧的产生与维持

电弧之所以能形成导电通道，是因为电弧弧柱中出现了大量自由电子。电弧的产生是触头间中性质点（分子和原子）被游离出大量自由电子的结果，游离就是中性质点转化为带电质点的过程。

1. 自由电子的产生

自由电子的产生是热电子发射和场致发射的共同结果。在触头分离的最初瞬间，由于触头间的分离间隙极小，即使电压不高，在间隙上也能形成很高的电场强度。当电场强度超过 3×10^6V/m 时，阴极触头周围气体分子中的外层电子就可能在强电场的作用下被拉出而成为自由电子，触头的金属原子也可能被拉出而成为自由金属粒子，这个现象称为场致发射。

触头分离的瞬间，触头间的接触压力和接触面积快速减小，接触电阻迅速增大而产生高温，使阴极表面出现强烈的炽热点，进一步使阴极金属材料内的大量电子不断溢出金属表面，形成自由电子，这个现象称为热电子发射。特别是电弧形成后，弧隙间的高温会使阴极表面受热而出现强烈的炽热点，不断地发射出电子，在电场力作用下向阳极做加速运动。

2. 自由电子碰撞游离形成电弧

阴极表面发射的自由电子在电场力作用下加速运动，不断与触头间隙内的中性介质质点（原子或分子）发生撞击，如果电场足够强，自由电子获得的动能足够大，碰撞时就能将中性原子外层轨道上的电子撞击出来，形成新的自由电子和正离子，这个现象称为碰撞游离。新的自由电子一起向阳极加速运动，又去碰撞更多的中性质点。碰撞游离的连续进行，形成电子崩，当电子崩到达阳极时，导致触头间充满电子和离子，从而介质被击穿，由绝缘体变为导体。在外加电压的作用下，通过触头间隙的电流急剧增大，发出强烈的光和热而形成了电弧。

3. 热游离维持电弧

电弧形成后，维持电弧燃烧所需的游离过程主要是热游离。由于在电弧燃烧过程中，弧柱中电导很大，电位梯度很小，电子不能获得必需的势能，于是碰撞游离已不可能。然而，电弧产生之后，弧隙的温度很高，气体中粒子热运动加剧，具有足够动能的中性质点相互碰撞后游离出新的自由电子和正离子，这种现象称为热游离。气体温度越高，粒子运动速度越快，热游离的可能性也越大。一般气体开始发生热游离的温度为9000～10000℃；金属蒸气的游离能较小，其热游离温度为4000～5000℃。因为开关电器的电弧中总有一些金属蒸气，而弧心温度总大于4000～5000℃，所以热游离的强度足够维持电弧的稳定燃烧。

（二）去游离

电弧中发生游离的同时，还进行着使带电质点减少的去游离过程。去游离形式主要包括复合去游离和扩散去游离。

1. 复合去游离

复合是指正离子和自由电子或负离子互相吸引，结合在一起，电荷互相中和形成中性质子的过程。两异号电荷要在一定时间内，处在很近的范围内才能完成复合过程，两者相对速度值越大，复合的可能性越小。因电子质量小，易于加速，其运动速度约为正离子的1000倍，所以电子和正离子直接复合的概率很小。通常电子在碰撞时，先附在中性质点上形成负离子，速度大大减慢，而负离子与正离子的复合比电子与正离子间的复合容易得多。

2. 扩散去游离

扩散是指带电质点从电弧内部逸出而进入周围介质中的现象。弧隙内的扩散去游离有以下几种形式：

（1）浓度扩散。由于弧道中带电质点浓度高，而弧道周围介质中带电质点浓度低，存在着浓度上的差别，带电质点会由浓度高的地方向浓度低的地方扩散，使弧道中的带电质点数目减少。

（2）温度扩散。由于弧道中温度高，而弧道周围温度低，存在温度差，这样弧道中的高温带电质点将向温度低的周围介质中扩散，减少了弧道中的带电质点数目。

游离和去游离是电弧燃烧过程中两个相反的过程，游离过程使弧道中的带电粒子增加，有助于电弧的燃烧；去游离过程能使弧道中的带电粒子减少，有利于电弧的熄灭。当这两个过程达到动态平衡时，电弧稳定燃烧；若游离过程大于去游离过程，将使电弧越加剧烈地燃烧；若去游离过程大于游离过程，将使电弧燃烧减弱，以致最终电弧熄灭。

三、电弧的主要危害

从电弧形成过程可以看出，电弧的本质就是高温电子流。电弧一旦形成，即使触头开断，只要断口间的电弧还没有熄灭，电路就没有真正被开断；同时产生的高温会使触头金属熔化，甚至会使整个电器烧坏，或引起电器爆炸及发生火灾。

（1）电弧的高温可能烧坏开关触头和触头周围的其他部件，对充油设备还可能引起着火甚至爆炸等危险。

（2）在开关电器中，触头间只要有电弧存在，电路就没有断开，电流仍然流通，即电弧的存在延长了开关电器断开故障电路的时间，加重了电力系统短路故障的危害。

（3）容易造成飞弧短路、伤人或引起事故扩大。

因此，对于开关电器来说，运维检修人员要了解电弧的规律，以便找到措施来迅速灭弧。交、直流电源产生的电弧特性不同，需要针对不同的情况分别讨论。

四、交流电弧及灭弧

（一）交流电弧的动态特性

交流电弧电压与电流的波形如图 1－6 所示。图中 A 点电压是电弧产生时的电压，称为燃弧电压，B 点电压为电弧熄灭时电压，称为熄弧电压。由于热惯性，电弧温度的变化总是滞后于电流的变化，因此最高温度点总是滞后于电流峰值点。同时，由于电流下降段的温度总是高于对应的相同电流瞬时值处，因此熄弧电压总是小于燃弧电压。由于外电路的阻抗远大于电弧电阻，稳定燃烧的电弧电流波形近似为正弦波形，而电弧电阻的非线性致使电弧电压为马鞍形。

在电弧燃烧过程中起关键作用的是电场，在电场作用下，场致发射和碰撞游离中产生的自由电子才会定向运动，形成电流。当外部电源是交流电时，在电弧电流自然过零附近，维持电弧稳定燃烧的热游离过程弱于去游离过程，过零点时电弧将自然熄灭。电弧电流到零后，加在断口两端的电压逐步回升，在电场回升过程中若仍有自由电子出现，又会出现前述的电弧产生过程，则介质再被击穿，电弧就会重燃；反之，电弧就熄灭。

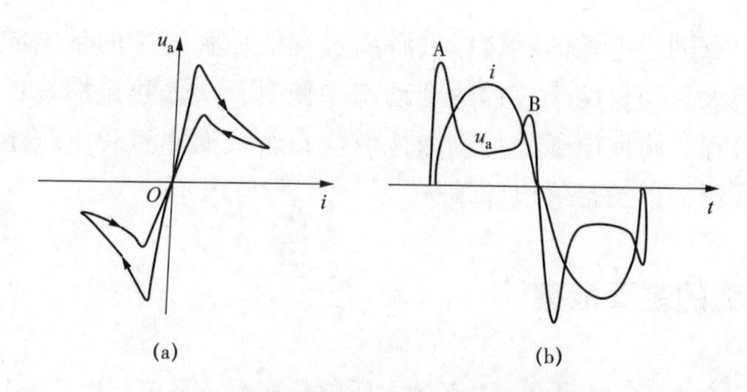

图 1－6　交流电弧电压与电流的波形

(a) 交流电弧的伏安特性；(b) 电弧的时间特性

如果在电流过零时，采取有效措施加强弧隙的冷却，使弧隙介质的绝缘能力达到不会被弧隙外施电压击穿的程度，则在下半周电弧就不会重燃而最终熄灭。高压断路器的灭弧装置正是利用这一原理进行灭弧：依据交流电弧电流过零时自然熄灭这一有利条件，加强去游离，使电弧不再复燃，从而实现灭弧和开断电路。

（二）交流电弧的熄灭条件

交流电弧熄灭的关键在于弧隙介电强度和弧隙电压的恢复过程。

1. 弧隙介电强度的恢复过程

弧隙介电强度恢复过程指电弧电流过零后电弧熄灭，弧隙介质的介电强度是一个逐步恢复的过程，恢复到正常绝缘状态需要一定的时间。恢复过程中的介电强度可以用耐受电压 U_d（t）表示。常用的灭弧介质有真空、SF_6、空气、油（变压器油、断路器油）。图 1－7 表示了不同介质的介电强度恢复过程的典型曲线。

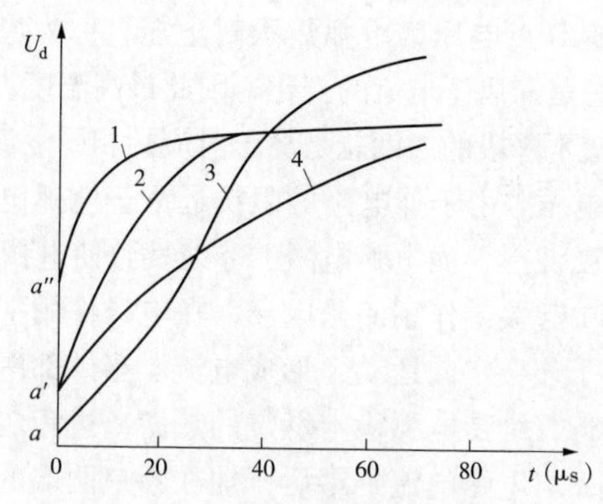

图 1－7　介电强度恢复过程曲线

1—真空；2—SF_6；3—空气；4—油

由图 1－7 可见，在电流过零后的 0.1～1μs 的短暂时间内，阴极附近出现 150～250V 的起始介电强度（a、a'、a''）。这种在电流过零后瞬间介电强度突然升高的现象称为近阴极效应。这是因为在电流过零的瞬间，弧隙电压的极性发生变化，弧隙中的自由电子立即向新阳极运动，正离子质量大，其基本未动，在新阴极附近就形成了只有正电荷的不导电薄层，阻碍阴极发射电子，从而呈现出一定的介电强度。

这种近阴极效应对开关电器的熄弧特别有利，交流电弧每半周期自然熄灭的时刻是熄灭交流电弧的最佳时机。

起始介电强度出现后，介电强度的恢复速度与电弧电流的大小、弧隙的温度、介质特性、灭弧介质的压力和触头的分离速度有关，是一个复杂的过程。电弧电流越大，电弧温度越高，介电强度恢复越慢；反之，介电强度恢复就越快。

2. 弧隙电压的恢复过程

电弧熄灭后，弧隙电压不可能立刻由熄弧时刻的电压直接变到电源电压，而是一个过渡性的恢复过程。也就是说，外电路施加于弧隙的电压将从较小的电压逐渐增大，逐步恢复到电源电压。这一过程中的弧隙电压称为恢复电压，恢复电压一般由两部分组成：①瞬态恢复电压，它存在的时间很短，一般只有几十微秒至几毫秒，持续时间和幅值取决于外电路的等值 L、C；②稳态恢复电压，即弧隙两端的工频电源电压。从灭弧角度来看，在开断短路故障时，瞬态恢复电压具有决定性的意义，因此是分析研究的主要方向。许多场合下提到的恢复电压往往指的是瞬态恢复电压。

瞬态恢复电压的波形随着实际回路的变化而不同。电压恢复过程 $U_r(t)$ 的影响因素有：①电路中 L、C 和 R 的数值以及它们的分布情况，实际电网中这些参数的差别很大，因此 $U_r(t)$ 的波形也会有很大的差别；②断路器的电弧特性，交流电流过零时，弧隙有一定的弧阻，开断性能不同的断路器的弧阻值差别很大，弧阻值的大小对电压恢复过程有很大影响。

3. 交流电弧熄灭的条件

电流自然过零后，电弧是否重燃取决于介电强度恢复和弧隙电压恢复两个过程竞争的结果。

（1）如果弧隙电压 $U_r(t)$ 恢复速度较快，幅值较大，致使某一瞬间大于弧隙介质耐受电压 $U_d(t)$，弧隙介质将会被再次击穿，电弧重燃。

（2）如果弧隙电压 $U_r(t)$ 的恢复值始终小于弧隙介质耐受电压 $U_d(t)$ 的恢复值，则电弧熄灭后，不再重燃。

可见，断路器开断交流电路时，电弧熄灭的条件为

$$U_d(t) > U_r(t)$$

如果能够采取措施防止弧隙恢复电压 $U_r(t)$ 发生振荡，电弧就更容易熄灭。

4. 熄灭交流电弧的基本方法及措施

由电弧的形成过程及熄灭条件可以得出熄灭电弧的基本方法是采取措施，削弱游离过程，加强去游离过程；增大弧隙介电强度的恢复速度，减小弧隙电压的恢复速度。熄灭交流电弧的主要措施如下：

（1）利用灭弧介质。电弧中的去游离强度在很大程度上取决于电弧周围介质的特性，如介质的传热能力、介电强度、热游离温度和热容量。这些参数的数值越大，则去游离作用越强，电弧就越容易熄灭。常用的介质包括油、压缩空气、SF_6 气体、真空。

（2）采用特殊金属材料触头。用熔解点高、导热系数和热容量大的耐高温金属制作触头，可以减少热电子发射和电弧中的金属蒸汽，减弱游离过程，利于电弧熄灭。常用的触头材料包括铜钨合金和银钨合金。

（3）利用气体或油吹动电弧。利用气体或油吹动电弧可使电弧在气流或油流中被强烈地冷却，也有利于带电粒子的扩散。气体或油的流速越大，其作用越强。

（4）多断口灭弧。在高压断路器中，每相采用两个或更多的断口串联。在熄弧时，断口在相等的触头行程下，多断口比单断口的电弧拉长了，从而把电弧分割成多个小电弧段，增大了弧隙电阻，而且电弧被拉长的速度即触头分离的速度也增加，加速了弧隙电阻的增大，同时也提高了介电强度的恢复速度。由于加在每个断口的电压降低，孤隙恢复电压降低，有利于熄灭电弧。在低压开关电器中，经常采用一个金属灭弧栅将电弧分为多个短弧，利用近阴极效应的方法灭弧。

（5）提高触头的分离速度。迅速拉长电弧，有利于迅速减小弧柱内的电位梯度，增加电弧与周围介质的接触面积，加强冷却和扩散作用，使热游离减弱、复合去游离加强，从而加速电弧的熄灭，如采用强力分闸弹簧。

（6）利用固体介质的狭缝灭弧装置灭弧，广泛应用于低压开关。

五、直流电弧及灭弧

（一）直流电弧的动态特性

直流电弧的特性可以用沿弧长的电压分布和其伏安特性来描述。稳定燃烧直流电弧的电压沿弧柱方向的分布如图 1－8 所示。

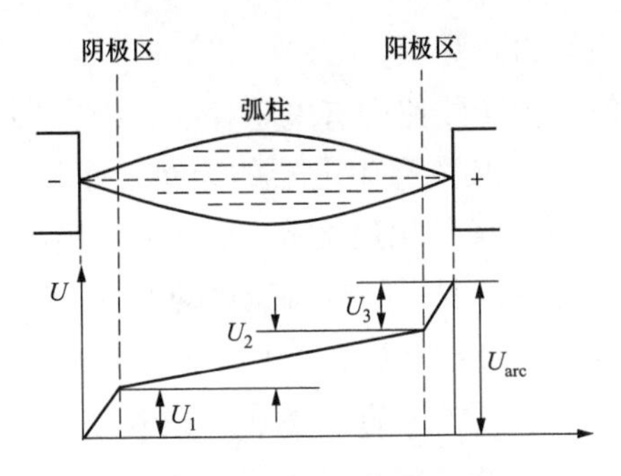

图1-8　直流电弧电压分布

由图1-8可见，电弧压降是由阴极区压降U_1、弧柱区压降U_2和阳极区压降U_3三部分组成的，即电弧电压$U_{arc}=U_1+U_2+U_3$。

阴极区（约为10^{-4}cm）电压降的主要特征是，由于在阴极附近有正的空间电荷，电位有急剧的跃变，弧柱特性与阴极区特性不同。弧柱上的电压及电位梯度与电流大小、弧隙长短，特别是与介质的状态，例如介质的导热系数、所受的压力、流动方式及流速有关。在电弧稳定燃烧的条件下，如果电弧周围介质情况不变，则当电流增大时，弧柱内部游离加强，电子浓度随电流的增加而急剧增加，弧柱的电阻便迅速减小，使得弧柱电压下降。当弧长增加时，由于弧柱电阻增大，弧柱电压降上升。因此阳极基本上只是接受从弧柱来的电子，其压降的形成是由于阳极附近具有尚未中和的负的空间电荷，当电流很大时，阳极区压降很小。

长度为几毫米的电弧通常称为短弧，短弧中的电弧电压主要由阴极、阳极区电压降组成，所以阴极、阳极区的特性对整个电弧的特性起着决定性的作用。它的特性表现在电弧电压约为20V，与电极材料和弧隙介质有关，而与电流、外界条件无关。如果施加在电极的电压小于电弧电压降，则电弧不会维持，以至熄灭。

长度为几厘米及以上的电弧称为长弧，长弧中的电弧电压主要由弧柱电压组成，弧柱特性起主要作用。电弧电压正比于电弧长度。在低压开关中，常常采用把长弧分割成许多短弧的方法来熄灭电弧。

（二）直流电弧的熄灭条件

（1）采取冷却电弧或拉长电弧的方法，以增大电弧电阻和电弧电压。拉长电弧除了增大高压断路器触头之间的距离外，还可以利用外力横吹电弧。也就是在拉长电弧的同时，还加强了电弧表面的冷却。

（2）增加线路电阻。如果在熄弧过程中串入电阻，同样可以熄灭电弧。

（3）将长弧分割成许多串联的短弧，利用短弧的特性使电弧电压大于触头间的外施电压，则电弧可自行熄灭。

在开断直流电路时，由于线路中有电感存在，则在触头两端及电感上均会发生过电压。过电压不仅危及线路中电器的绝缘，而且会造成电弧重新击穿。过电压值与线路电感 L 和电流变化速度 di/dt 有关。线路电感越大，过电压越高。因此，为了减小过电压，要限制电流变化的速度。

第三节　SF_6气体

一、SF_6气体特性

（一）SF_6气体的物理特性

SF_6气体是一种无色、无味、无毒和不可燃的惰性气体，化学性能稳定，具有优良的灭弧和绝缘性能。SF_6气体与空气的主要物理特性见表 1－2。

表 1－2　SF_6 气体与空气的主要物理特性

主要物理性能	SF_6气体	空气
分子量	146.07	28.8
临界压力（MPa）	38.5	N_2: 3.46 O_2: 5.16
临界温度（℃）	45.6	N_2: 147 O_2: 118.8
介电常数（0.1MPa，25℃时）	1.002	1.0005
密度（g/dm^3，20℃时）	6.25	1.166
导热系数［$J/(cm^2 \cdot s \cdot ℃)$，30℃时］	1.41×10^{-4}	2.14×10^{-4}
定压比热容（J/g℃，0.1MPa，25℃时）	97.22	28.68
绝热系数（0.1MPa，0～1000℃）	1.088～1.057	1.40～1.35
在 $1cm^3$ 油中的溶解度	0.297	—
在 $1cm^3$ 水中的溶解度	0.001	—
水在 SF_6 中的溶解度（质量比，30℃时）	0.005±0.01	—

SF_6气体是一种重气体，分子量大，容易液化，使用过程中压力不宜过高，气体压力一般都处于 1.5MPa（15atm）[1] 及以下。当使用压力超过 0.6MPa（6atm）时，在低温环境中宜加装电加热装置。

纯净的 SF_6气体是稳定和无毒的介质，但是在制造过程中会残留微量的

[1] atm 表示标准大气压，1atm＝101325Pa，15atm 表示 15 个标准大气压。

S_2F_{10}和 SF_4等其他剧毒性的氟化物杂质。故 SF_6气体在使用过程中需对纯度及各种杂质含量加以控制。国际电工协会（IEC）推荐用于断路器的 SF_6气体的纯度标准见表 1－3。

表 1－3　SF_6气体的纯度标准（IEC）

杂质	允许含量	杂质	允许含量
CF_4	0.05%	游离酸	0.3ppm
空气（N_2+O_2）	0.05%	可水溶的氟化物	1.0ppm
水分	15ppm	—	—

注　表中 ppm 表示含量占比 $\times10^{-6}$，如 15ppm $=15\times10^{-6}$。

在电弧或电晕放电作用下，SF_6将分解，由于金属蒸气参与反应，生成金属氟化物和硫的低氟化物。当 SF_6气体含有水分时，还可能生成腐蚀性很强的氟化氢（HF），或在高温下分解出 SO_2。在这些分解产物中，HF 和 SO_2对绝缘材料、金属材料都有很强的腐蚀性；HF 和 SF_4对含硅材料如玻璃、电瓷等也有很强烈的腐蚀作用。因此，必须严格控制 SF_6气体中水分、杂质的含量，与 SF_6气体接触的零件应避免采用含硅材料。

SF_6气体中所含杂质和分解物都是剧毒物，对人体是有害的。因此，世界各国对这些有害物在空气中的含量都规定了控制标准。SF_6气体的温度压力曲线如图 1－9 所示，用以表示 SF_6气体温度、压力和密度三个状态参数之间的关

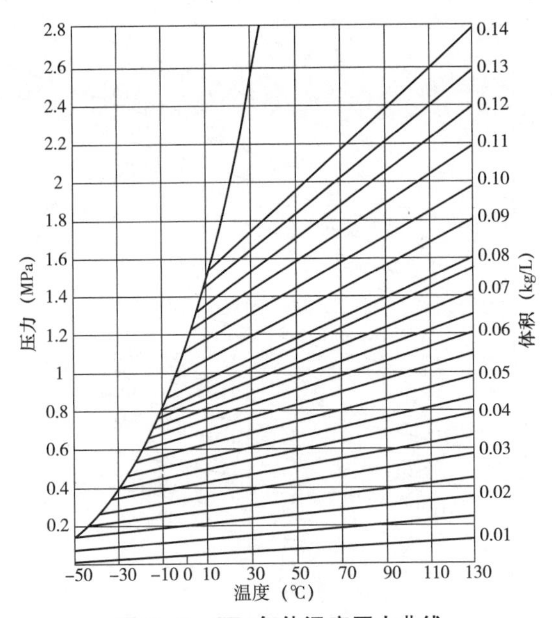

图 1－9　SF_6 气体温度压力曲线

系，该曲线不同于理想气体的三个状态参数之间的关系，而是用经验公式表述。该曲线主要有以下用途：

（1）已知设备的体积和在某一温度下的压力值，查出气体的密度，密度与体积的乘积便是所充气体的质量。

（2）根据温度和压力，可以求出可能液化的温度。

（3）已知在某一温度下的额定压力，可以求出不同温度下的充气压力。

SF_6气体的压力/海拔曲线如图 1－10 所示，压力/温度曲线如图 1－11 所示。

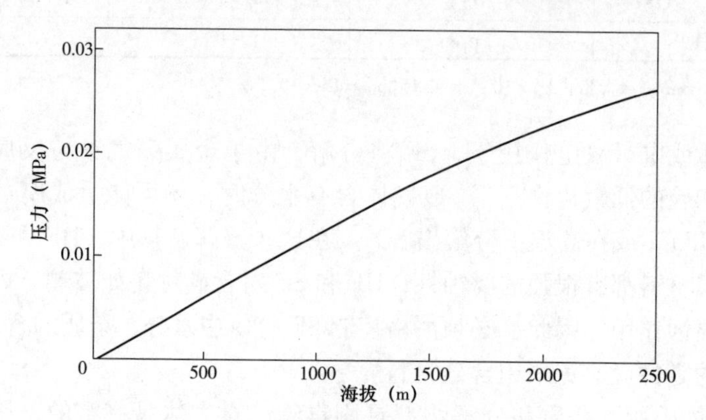

图 1－10　SF_6 气体压力/海拔曲线

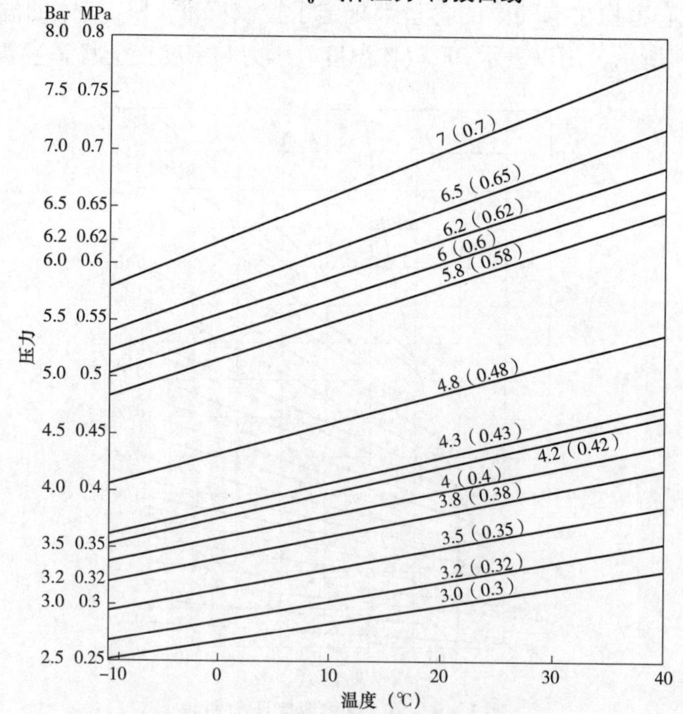

图 1－11　SF_6 气体压力/温度曲线

SF_6气体的热传导性能较差，其导热系数只有空气的2/3。但SF_6气体的比热是氮气的3.4倍，其对流散热能力比空气大得多，因此SF_6断路器的温升不会比空气断路器严重。

（二）SF_6 气体的绝缘特性

SF_6气体具有优良的绝缘性能，在比较均匀的电场中，压力为0.1MPa时，其绝缘强度为空气的2～3倍；在0.3MPa时，绝缘强度可达到绝缘油的水平；这个比率还会随着压力的增大而增大。影响SF_6气体绝缘强度的因素如下：

1. 电场均匀性

绝缘强度对电场的均匀性特别敏感，在均匀电场下，绝缘强度随触头间距离的增加而线性增加。但距离过大，电场会不均匀，可使其绝缘强度增加进而出现饱和现象。在不均匀电场下，SF_6 的绝缘强度甚至会接近空气的水平。

2. 压力

在较均匀电场下，绝缘强度随气体压力的增加而增加，但并不成正比。

3. 电极表面状态

通常电极表面越粗糙，击穿电压越低。电极面积越大，由于偶然因素出现的概率也越大，因而使击穿电压降低。

4. 电压极性

电压极性对SF_6气体击穿电压的影响和电场的均匀性有关。在均匀电场中，由于电场强度处处相等，所以没有极性效应。在稍不均匀电场中，曲率较大的电极为负时，其附近的场强较大，容易产生阴极电子发射，使气隙的击穿电压降低。

5. 杂质和水分

SF_6气体含有杂质和水分时，其绝缘强度下降。

（三）SF_6气体的灭弧特性

SF_6气体具有优良的灭弧性能，其灭弧能力比空气大两个数量级。利用SF_6气体吹弧时，气体压力和吹弧速度都不需要很大，就能在高电压下开断相当大的电流，其优良性能主要表现在以下三个方面。

1. 优良的热化学特性

SF_6气体的电弧结构近似于温度为径向矩形分布的弧芯，弧芯部分温度高则导电性好，弧芯外围部分温度下降十分陡峭，而外焰部分温度低，散热好。因此，SF_6气体的电弧电压低，电弧输入功率小，对熄弧有利。电弧弧芯导电良好，不容易造成电流折断，不会出现过高的截流过电压；电流过零时，弧芯的热体积小，残余弧柱细，过零后的介质恢复特性好。

SF_6气体的分解温度（2000K）比空气（主要是氮气，分解温度约 7000K）低，而需要的分解能（22.4eV）却比空气（9.7eV）高，因此，SF_6分子在分解时吸收的能量多，对弧柱的冷却作用强。由于 SF_6气体分子的分解，在相应的分解温度时即出现气体导热率的高峰。3000K 附近是含有金属蒸汽的弧柱热游离温度，也就是弧柱导电部分边界上的温度，此时 SF_6气体的导热率特别高，使弧柱的边界周围形成陡峭的径向温度梯度。与氮气电弧相比，SF_6气体中的弧柱直径要小得多，当电流过零时对灭弧更有利。

SF_6气体在高温时分解出的硫、氟原子和正负离子，与其他灭弧介质相比，在同样的弧温时有较大的游离度；在维持相同游离度时，弧柱温度较低。SF_6气体中电弧的电压梯度为空气中的1/3，因此 SF_6气体中电弧电压也较低，即燃弧时的电弧能量较小，对灭弧有利。

2. SF_6气体的负电性强

所谓负电性，就是 SF_6气体分子吸附自由电子而形成负离子的特性。SF_6 气体分子吸附电子和正离子复合时，复合速度快，消游离作用也很强。尤其是在电流过零前后，可使弧隙中带电粒子减少，导电率下降。在电弧电流过零后，弧柱温度将急剧下降，分解物也就急速复合。因此，SF_6气体弧隙的介质性能很强，恢复速度很快，能耐受很高的恢复电压，电弧在电流过零后不易重燃。

3. SF_6气体的电弧时间常数小

电弧电流过零后，SF_6气体的介质性能的恢复远比空气和油介质快。

（四）SF_6气体的水分与分解气体

1. 水分与绝缘

水分对 SF_6断路器的正常运行具有决定性的影响，含水量高，便很容易在绝缘材料表面结露，造成绝缘下降，严重时产生闪络击穿。

为了保证耐压特性，需将 SF_6气体中的水分控制在 0℃ 饱和水蒸气压力下，这样即使变成饱和水蒸气，也已变成冰霜，不致绝缘下降。

2. 水分与分解气体

SF_6气体在常温下是一种极稳定的气体，在接触电弧的情况下会发生分解，分解后的气体在灭弧后又急速地融合，大部分又还原为稳定的 SF_6气体。

SF_6气体内水分含量不仅影响绝缘性能，也关系到开断后电弧分解物的组成与含量。在电弧作用下，SF_6气体分解物中 WO_3、CuF_2、WOF_4等为粉末状绝

缘物，其中 CuF_2 具有强烈的吸湿性，附着在绝缘物表面，使沿面闪络电压下降；氟化氢、硫酸等强腐蚀性物质对固体有机材料及金属件起腐蚀作用。WO_2、SOF_4、SO_2F_2 等均为有毒有害物质，随含水量的增加而增加。

3. 对水分和低氟化合物的控制措施

为了控制 SF_6 气体中的水分和电弧分解产生的低氟化合物，在高压电器中放置既能吸附水分又能吸附低氟化合物的吸附剂，一般吸附剂的质量是气体充入质量的1/10。特别注意使用过的吸附剂不允许烘燥处理后再使用。

（五）SF_6 气体的毒性

纯净的 SF_6 气体是无毒的，但 SF_6 气体在合成过程中会有硫的低氟化物产生，它们中的某些物质是有毒或剧毒的。在电气设备中的电晕、火花、电弧作用下，SF_6 气体会产生多种有毒、腐蚀性气体及固体分解物。一小部分 SF_6 气体主要分解成氟化亚硫酰、氟化硫酰、四氟化硫、四氟化硫酰、十氟化二硫等，其中主要为剧毒的 SOF_2、SO_2F_2 气体。产生的多少，主要取决于 SF_6 气体中的水分和含氧量的多少。

SOF_2 对肺部有侵害，可造成剧烈的肺水肿，使动物窒息而死亡，但在致命的浓度下人体眼睛和鼻内黏膜仍没有特别难受的感觉。硫化氢等气体具有刺鼻和令人恶心的气味，即使在浓度非常低的情况下也能使人察觉出来。四氟化硫和四氟化硫酰所呈现出来的毒性与氟化亚硫酰相同，对肺部都有侵害作用。氟化硫酰是一种导致痉挛的化合物。氟化硫酰的致命浓度虽高，但其无味，不易发觉，故应特别注意。

SF_6 断路器中的固体分解物主要有氟化铜、二氟二甲基硅、三氟化铝粉末等，因而多采用吸附剂清除 SF_6 气体中的水分和分解产物。

二、SF_6 气体处理

充装于电气设备中的 SF_6 气体，其质量能否达到标准要求，对 SF_6 电气设备能否达到应有的使用性能和要求至关重要。SF_6 气体的运输和储存是以高压力的状态充装在压力容器中的，使用过的 SF_6 气体中又可能含有多种杂质、毒气和毒性固态分解物。因此，对 SF_6 气体的回收、处理、存放、充装的要求都比较严格，必须按照有关标准和规定严格执行。

（一）SF_6 气体的回收

使用专用设备对电气设备中的 SF_6 气体进行收取，以液态形式储存到储气罐或钢瓶中，称为 SF_6 气体的回收。此类专用设备称为回收装置，它主要由气路系统、储气罐、气体回收系统、抽真空系统、过滤器、阀门、门板控制系统、相序指示器及电源开关等部分组成，如图 1－12 所示。

图 1－12　SF_6 气体回收装置实物图

（1）气路系统：整个气路系统密封良好，使用过程中不会在气路管中引入空气、粉尘等杂质；跟外部设备相连的接头结构，与电气设备充气接口相配套。

（2）储气罐：安装有压力指示器、超压监视器、安全释放装置、液位监视装置、手孔及排污孔、加热装置等。

（3）气体回收装置：包括气体压缩机、缓冲器、分离器、过滤器、热交换器、安全阀、止回阀、气体压力表等。

（4）抽真空系统：包括真空泵、真空表，具有防止真空泵油倒流的措施，还有排气接头用于连接排气管。

（5）过滤器：能有效地过滤气体中的水分和微量固体物质，使之不重新进入净化后的气体。回收系统和充气系统分别用各自的过滤器装置。

注意事项：利用 SF_6 气体回收装置抽真空时，必须由专人监视真空泵的运转情况（真空泵必须配备电磁阀，通电时打开，失电时自动关闭，以防止因运转中停电、停泵而导致真空泵中的油倒吸入电气设备内，造成严重后果）。配备电磁阀表示真空阀门的驱动方式为磁力驱动，电磁阀的密封机构与挡板阀相

同。平时，电磁阀的阀盖靠弹簧压紧封住管路通道，需要开启时，将电磁线圈接通电流，磁力立即吸引衔铁，带动阀盖将阀门打开。

（二）SF_6 气体的处理

在电弧的作用下，充装于断路器中的部分 SF_6气体将进行分解，成为各种有毒的气体和固体分解物，具有相当大的毒性和腐蚀作用。此外，SF_6气体的物理和化学性质非常稳定，排放出来后将长期存在，且具有温室效应。因此在对断路器进行检修和报废时，应严格按照有关规定和操作程序对 SF_6气体进行回收处理。

SF_6气体中的毒性气体和分解物，根据气体中的相关成分采用不同的处理方法去除，包括吸附剂吸收去除、与酸性或碱性溶液进行化学反应去除等。使用各种方法去除 SF_6气体成分中毒性分解物的过程，称作 SF_6气体的净化处理。

SF_6断路器大修和报废时的气体处理，应使用专用的 SF_6气体回收装置，将断路器内的 SF_6气体进行过滤、净化、干燥处理，达到新气标准后，才可以重新使用。这样既节省资金，又减少了环境污染。

对于从 SF_6断路器中清理出的吸附剂和粉末状固体分解物，可放入酸或碱溶液中处理至中性后，进行深埋处理。深埋深度应大于 0.8m，地点应选择在野外边远地区、下水处。所有废物都是活性的，很快就会分解和消失，不会对环境产生长期的影响。

断路器内部发生事故时的气体处理：由于断路器绝缘能力降低或开断能力不足及其他原因引起的防爆膜破裂、压力释放阀释放，或者断路器爆炸等事故时，将造成大量的 SF_6气体泄漏，应立即采取紧急防护措施，并报告上级主管部门，同时应及时停电进行适当的处理。

若是在室外，与工作无关的人员应撤离事故现场。在没有防护用具的情况下，不能停留在能闻到有刺激性气味的地方，一直等到 SF_6气体消失在大气中为止。投入处理事故的人员，必须穿戴防护衣帽及其他防护用品。断路器爆炸后的处理，应首先清除地面上被破坏的设备碎片和残存的设备部件，彻底清除粉末状固体分解物之后，才能重新开始抢修工作。

若是在室内，应立即开启全部通风设备，佩戴防毒面具和呼吸器进入现场进行处理。对于喷出的粉末状分解物，应用吸尘器或毛刷清理干净，集中深埋。事故处理后，应将所有防护用品清洗干净，工作人员要洗澡。

SF_6气体中存在的有毒气体和断路器内产生的粉尘，对人体呼吸系统和黏膜等有一定的危害，人体中毒后会出现不同程度的流泪、流鼻涕、打喷嚏，鼻腔、咽喉有热辣感，发音嘶哑、咳嗽、头晕、恶心、胸闷、颈部不适等症状。若发生上述中毒事件时，应迅速将中毒者移至空气新鲜处，并及时进行治疗。

（三）SF_6气体的验收与存放

1. SF_6气体的验收

（1）SF_6气体的检查事项。SF_6气体应充装在洁净、干燥的气瓶中，充装前要进行抽真空干燥处理，使之无油污、无水分。气瓶应带有安全帽和防振胶圈，存放时气瓶要竖放，标志向外，运输时可以卧放，搬运时应轻装轻卸，严禁抛掷溜放。

充装 SF_6气体前应检查气瓶的检验期限、外观缺陷、阀体与气瓶连接处的密封性，每批出厂的 SF_6气瓶都必须附有一定格式的质量证明书，内容包括生产厂名称、产品名称、批号、气瓶编号、净重、生产日期、执行的标准编号等。

（2）SF_6气体的检查主体。SF_6气体应由生产厂家的质量检验部门进行检验，生产厂家应保证每批出厂的产品都符合有关标准的要求。SF_6气体生产厂家应提供产品的化学分析报告，报告中应包括的 8 项指标为四氟化碳、空气、微水、酸度、可水解氟化物、矿物油、纯度、生物实验无毒性合格证。化学分析报告应放在气瓶帽中随同产品一起出厂。使用单位有权按照有关标准的规定检验所收到的 SF_6气体是否符合有关标准的要求。

（3）SF_6气体的检查注意点。SF_6气体在常温常压下的密度约为空气密度的 5 倍，其气体有使人窒息的风险，取样场所必须通风良好。SF_6气体抽样瓶数按规定执行，从每批样品中随机选取，每瓶 SF_6气体构成单独的样品，也可在产品充装线管线上随机取样。取样气瓶上要粘贴标签，注明产品名称、批号、生产厂名称和取样日期等。

检验结果如果有一项不符合标准要求，则应以 2 倍选取的 SF_6气瓶数量重新抽取进行复检，复检结果即使有一项不符合标准要求，整批产品都不能验收。

2. SF_6气体的存放

对 SF_6气瓶的搬运和存放应符合以下要求：①储存场所必须保持敞开、通风良好；②气体应放在防晒、防潮和通风良好的地方，不得靠近有热源和有油污的地方；③不准有水分和油污黏在阀门上；④气瓶的安全帽、防振胶圈齐全，安全帽应旋紧；⑤存放气瓶需竖放，标志向外，运输时可以卧放；⑥搬运时，把气瓶帽旋紧，轻装轻卸，严禁抛滑或敲击、碰撞；⑦SF_6气瓶不得与其他气瓶混放。

三、SF_6气体水分控制方法

在SF_6断路器中，在水分参与下将生成强腐蚀性的分解产物HF，HF对绝缘材料、金属材料、玻璃、电瓷等含硅材料都有很强的腐蚀性，因此必须严格控制SF_6气体中的水分。控制水分进入SF_6断路器的方法包括以下几种。

（一）密封SF_6断路器

密封不是单纯防止SF_6气体泄漏出来，而是要防止水分从大气侧侵入内部。水的分子结构是H－O－H的类似长条形，水分通过密封不牢靠密封面的能力比SF_6气体更强。凡是有SF_6气体泄漏缺陷的断路器，其SF_6气体含水量必然会增加。

（二）烘干SF_6断路器零部件

断路器组装时，零部件必须先进入烘箱烤干，使之达到工艺要求。尤其是绝缘零件，对环氧拉杆烘燥要求特别严格。如果烘得不干，环氧拉杆便会释放水分，造成SF_6气体含水量增高。

（三）控制充入SF_6气体含水量

严格控制断路器在充气前的含水量。充气前先测量断路器内SF_6含水量，如含水量达不到要求，一般采用抽真空方法使其内部干燥。先试充纯氮，再测含水量，达到要求即可停止抽真空，注入干燥的新SF_6气体；当测得含水量符合要求时，再注入干燥的新SF_6气体达到额定压力为止。

（四）SF_6断路器内部加装吸附剂

加装固体吸附剂是目前较为理想的对SF_6中水分和其他有害物的净化手段。通常使用的吸附剂有分子筛、活性氧化铝、合成沸石等。采用两种以上吸附剂混合吸附效果更好，即用一种吸附剂（如分子筛或活性氧化铝）吸附水分，用另一种吸附剂（如合成沸石）吸附有害气体。断路器生产厂在设备中加入吸附剂的量为气体吸入量的1%～10%。

绝缘件表面出现凝露会给绝缘性能带来不利影响，通常气体中混杂的水分以水蒸气形式存在。在温度骤降时，水蒸气可能冷凝成露水附在绝缘件表面，出现沿面放电事故。反之，水蒸气出现凝结时的温度为0°或以下，则露水将凝结成固态的冰，对绝缘的影响将显著减小。

水分含量的体积比和质量比表示的是水蒸气压力和 SF_6 气体压力间的相对关系。从凝露角度考虑，一定温度下水蒸气的饱和压力是一定的，在不同的 SF_6 气体压力下，允许的水分含量的体积比也是不同的。气体压力越高，允许的水分含量的体积比越小，反之 SF_6 气体压力较低的电气设备，如 SF_6 充气开关柜，允许的水分含量的体积比就大一些。不同 SF_6 气体压力下允许的水分含量的体积比见表 1－4。

确定某一 SF_6 电气设备允许的水分含量时，还应考虑该电气设备工作时是否会出现高温的大功率电弧。对于断路器来说，开断电路时电流大，电弧温度高、能量大，SF_6 气体的分解物多，水分含量标准低。对于 GIS 中其他的电气设备如隔离开关、互感器等所在的隔室，工作时基本上不会产生电弧分解物，水分含量标准高。表 1－5 中给出了《六氟化硫封闭式组合电器》（GB/T 7674—2020）中有关水分含量的规定。

表 1－4　　不同压力下允许的水分含量　　[$\times 10^{-6}$ (V/V)]

压力 p (MPa)	0.1	0.12	0.22	0.4	0.5	0.6	0.7	1.4
体积与单位压强比 $655.8/p$	6558	5465	2981	1646	1312	1098	937	468
体积与单位压强比 $288.5/p$	2885	2404	1311	721	577	481	412	206
运用场所		充气开关柜	10kV 变压器	GIS 中断路器除外的隔室		单压式 SF_6 断路器		双压式 SF_6 断路器

表 1－5　　GB/T 7674—2020 中水分含量的允许值　　[$\times 10^{-6}$ (V/V)]

隔室	交接验收值	运行允许值
有电弧分解物的隔室	≤150	≤300
无电弧分解物的隔室	≤250	≤500

由此可见，SF_6 电气设备对水分含量的要求是非常严格的。在生产、安装、调试各环节都应对水分严加控制。SF_6 电气设备中水分的主要来源及控制的方法如下：

（1）纯净的新 SF_6 气体中仍含有一定的水分。我国有关标准规定新 SF_6 气体中的水分含量不得大于 64×10^{-6}（V/V）。SF_6 电气设备在充填气体前，必须对气体的含水量进行测定，不符合标准的气体不得充入 SF_6电气设备。

（2）SF_6电气设备的零部件在制造厂装配前一定要干燥处理。绝缘件在加工过程中不得沾水。GIS 这类外壳体积较大的部件，在存放期间应加盖密封，并在其中放入适量的吸附剂。

（3）在设备安装完毕抽真空前，应放入新的吸附剂。抽真空时的真空度越高，零部件中的残留水分抽出越多。一般在真空度达到 13Pa（1Torr）时，还应继续抽真空 1h 以上，以便使零部件特别是有机绝缘材料零部件中的水分有足够时间排出。

（4）改进 SF_6电气设备的密封结构，提高密封面的加工精度与装配质量，选用优质的密封垫圈，以减少外界水蒸气的进入。在 SF_6电气设备中，SF_6气体的压力比外界高，但对 SF_6气体中的水蒸气而言，外界水蒸气的分压力比设备内部高。例如 SF_6电气设备在 20℃、相对湿度为 80% 的环境中工作，此时水蒸气的饱和压力为 2336Pa，水蒸气压力为 $80\% \times 236 = 1869$（Pa）。假定该电气设备 20℃时的气体压力为 0.6MPa，内部的水分含量为 300×10^{-6}（V/V），电气设备内部的水蒸气压力为 $300 \times 10^{-6} \times 0.6 \times 10^{-6} = 180$（Pa），远小于外部的水蒸气压力。加上水蒸气的分子直径为 3.20A❶，比 SF_6气体分子的直径 4.56A 小，水蒸气更易通过各个密封面进入设备的内部，使运行中的 SF_6电气设备的含水量不断增大。运行经验证明，漏气量大的 SF_6电气设备（说明密封不良）含水量易超标。对于漏气量大的 SF_6电气设备，须采取有效措施加强密封，不能采用不断补气的方法，因为会导致设备内部的水分严重超标。

（5）SF_6电气设备内安放吸附剂可以有效地减少内部的水分含量。在 SF_6电气设备交接运行前，以及在设备运行过程中，都要对设备内 SF_6气体中的水分含量进行测定。由于 SF_6电气设备内的零部件，特别是有机绝缘材料的零部件，在加工、储存与装配过程中必定会吸附空气中的水分，这些水分很难通过短时间抽真空的方法全部清除，一部分的水分仍会吸附在零部件上。由于零部件中的水分含量往往大于干燥 SF_6 气体中的水分含量，在使用过程中就会慢慢地向 SF_6气体中排放。当温度增加时，分子热运动加速导致零部件中放出的水分增加，使气体中的含水量增大；温度降低时又可能从气体中吸附一部分水分，使气体中的水分含量减少。不同温度下对同一 SF_6电气设备进行水分含量测定时，测定结果会有较大的差别。

---

❶ A 表示分子直径的长度单位，$1A = 1 \times 10^{-10}m$。

四、新的 SF_6 气体管理

新的 SF_6 气体运到电厂或变电站后，必须进行抽样检查，抽样气瓶为总数的 30%。气体存放的时间超过 6 个月者，应对 SF_6 气体进行复检，以防止 SF_6 气体变质，其数量按运行规程的规定抽检。发现气体不合格，则对 SF_6 气体进行干燥、过滤。再次检验仍不合格，该气应报废。

（一）新气体的质量监督

国内外生产 SF_6 气体的方法大多采用单质硫与单质氟直接合成的工艺流程。合成的 SF_6 粗品中，一般含有约 5% 的 S_2F_2、S_4F_4、SOF_2、SO_2F_2、SO_2、HF、CF_4、O_2、N_2 等十几种杂质，净化后的 SF_6 气体纯度可达 99.8% 以上。但新气仍可能由于各种因素存在质量问题，在抽样前必须进行复检，确认质量合格后方可使用。

（二）SF_6 气体储存保管

（1）储存场所必须保持敞开，通风良好。
（2）气体应有防晒、防潮、遮盖措施。
（3）不得靠近热源和有油污的地方，不得有水分和油污粘在阀门上。
（4）气瓶的安全帽、防振圈齐全，安全帽应旋紧。
（5）存放气瓶要使其竖放，标志向外，运输时可以卧放。
（6）搬运时，把气瓶帽旋紧，轻装轻卸，严禁抛滑或敲打、砸碰。

（三）SF_6 气瓶的检查

SF_6 气瓶首先进行外观检查，应符合国标《六氟化硫电气设备中气体管理和检测导则》（GB 8905—88）中的 6.3.2 条规定，对气体钢瓶的技术要求如下。

（1）充装 SF_6 气体的钢瓶要有专用液化六氟化硫字样和检验钢印。充气前钢瓶应经真空处理，保证瓶内无油污、水分。

（2）充入的 SF_6 气体应有制造厂的分析报告、生物试验无毒的合格证明书。

（3）钢瓶外面应挂上明显的气体合格证。

（4）安全附件要齐全，阀体和气瓶本体的连接处，每次在充气后都要用检漏仪进行检查，查看有没有漏气现象。

（5）要对气瓶进行清理，经水压试验合格后要将瓶内的水分除净，再进行干燥清洁。改充其他气体时，气瓶应更改漆色标志。

（6）检验钢印标志不全，又超过气瓶检验期限的，一律不能立即使用，要经水压试验，并重新打上钢印才能使用。

（7）气瓶外观检查发现有缺陷，又无法确定可否使用的，必须进行探伤检验，合格后才能充装气体。

（四）SF_6 气体充气及补气工艺要求

SF_6气体充气、补气工艺流程图如图 1－13 所示。补气时，无须进行抽真空处理，但连接管路前需用 SF_6气体冲洗管路、清洁阀门表面。

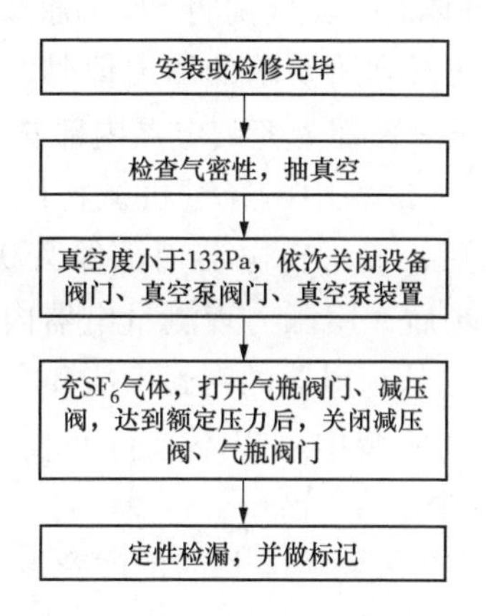

图 1－13　SF_6气体充气、补气工艺流程图

对 SF_6高压断路器充气及补气的工作应由经过专门培训的专业人员进行。

安装或检修完毕后的 SF_6断路器必须充入 SF_6气体才能投入运行，在充气之前必须将电气内部的空气抽出来，再将 SF_6气体充进去。

充气或补气具体流程：与电气设备连接前先用 SF_6气体对管道进行冲洗，去除减压阀和管道内的空气和水分，然后利用真空泵对整个充气装置进行抽真空处理。

钢瓶充气顺序：充气装置抽真空→关真空泵阀门→停真空泵→开启电气设备充气阀门→开启钢瓶阀门→打开减压阀→充气到额定压力→关闭减压阀→关闭钢瓶阀门→关闭电气设备充气阀门→拆除连接电气设备充气阀门的接头→电气设备充气阀门装上封盖。

在常温下，钢瓶中的 SF_6气体压力超过液化点，所以是液体状态。开启阀门后，往电器内部流入的液态 SF_6气体压力降低而迅速变化为气态，此时需要通过管路的壁从空气中吸收热量，如果阀门开启过大，流入的 SF_6液体过多，从管壁传给的热量又不足，就可能使液态 SF_6气体流入电器内部，这时压力表测量的不是电器内部的压力值，可能造成充入电器内部的 SF_6 气体压力过高。充气时的充气速度应当缓慢、恰当，不要急于求成，有时为了加速液态 SF_6 的气化，可将钢瓶稍微加热。

在充气时，SF_6 钢瓶状态有两种：一种是将钢瓶气口朝下、底部朝上，倾斜30°以上的角度，这种充气方法可以使 SF_6 气体中的微量杂质，例如空气、水分等浮在上面（即钢瓶底部），而从钢瓶进出气口流入电器内的是比较纯的 SF_6 气体；另一种方法是钢瓶竖放，充气过程中使一部分 SF_6 液体在钢瓶中产生汽化，从而使充气速度加快。

在给电气设备充 SF_6 气体时，充气前将 SF_6 钢瓶放在磅秤上，先称一下 SF_6 气体和钢瓶的总质量，在充气到所要求的压力值时，再称一下剩余 SF_6 气体和钢瓶的质量，两次所称质量之差即为充到电器内部的 SF_6 气体的质量。

SF_6 电器在制造厂的出厂试验中，经过机械特性、绝缘、气体含水量和漏气量检测等各项试验合格后，通常在电器内部保留0.03MPa左右的 SF_6 气体。当这些电器运输到运行现场后，用压力表测量电器内部 SF_6 气体的压力，如仍然为0.03MPa左右，则可以认为电器的密封性能和内部气体含水量是满足要求的。这样的 SF_6 电器在现场安装中可以不进行回收气体抽真空程序，直接将 SF_6 钢瓶中的气体充入电器中。

在进行上述 SF_6 气体充气及补气工作时的注意事项如下：

（1）补气、充气后，应称钢瓶重量，以计算补入高压电器内部气体的质量，钢瓶内还存有的气体质量应标在标签上，并挂在钢瓶上。

（2）充、补气后至少隔12h，才可以进行含水量的检测。

（3）当密度继电器发出补气信号，初次可进行带电补气，并加强监视。若在一个月后又出现补气信号，应申请停役，对各密封面及接头进行检漏，并检查密度继电器的动作可靠性，若发现密度继电器触点发生误动，应予以更换。

（4）如 SF_6 高压电器的气室需经常补气，则说明有漏点，则气室内部 SF_6 气体的含水量会增加，应及时处理。

（五）SF_6 新气体的运输、储存规定

（1）SF_6 气体以液态运输时，气瓶压缩充装规定如下：

1）充装压力为7.8MPa时，充装系数不得超过1.17kg/L。

2）充装压力为12.25MPa时，充装系数不得超过1.33kg/L。

（2）严禁过量充装，严格实行充装重量复验，充装过量的气瓶不准出厂。

1）气瓶不能暴晒、受潮，应将气瓶放在阴凉的地方或室内。

2）气瓶不允许靠近热源、有油污的地方；存放时气瓶要立放架子上，标

志向外。

3）气瓶运输时可以卧放，防止过大振动。气瓶的胶圈、安全帽要齐全。气瓶装卸时，应轻放、轻装；严禁气瓶相互碰撞。卸瓶时不允许溜放，更不允许气瓶混放。

五、SF_6 气体的泄漏管理

为了监视 SF_6 断路器和 GIS 设备中 SF_6 气体的泄漏情况，每个单独的气室都应装上 SF_6 压力表或密度计。在操作箱外壳印有 SF_6 气体压力温度曲线、报警压力曲线、SF_6 气体的额定压力值和补气的压力值。各气室的阀门中除气阀门之外，其余均处于关闭位置。断路器气室的密度计要具备报警和闭锁两个触点，其他气室的密度计只具备报警触点。SF_6 气体的压力值应定期抄表，抄表时间应选择在温度变化小的时候。

（一）SF_6 断路器和 GIS 设备漏气率的计算

测量 SF_6 断路器和 GIS 设备漏气量的方法有扣罩法、挂瓶法和局部包扎法三种。

1. 扣罩法

扣罩法在制造厂进行，具体的方法是把 SF_6 电气设备放在封闭的罩内，给这组设备充入额定压力的 SF_6 气体 6h 后，在罩内静止 24h。然后用灵敏度不低于 10^{-8} 的检漏仪测定其漏气量。测点分别在设备的上、下、左、右、前、后六点，取其平均值。根据罩内泄漏出来的 SF_6 气体浓度、封闭罩的体积和设备的体积、试验的时间和绝对压力，计算出漏气率（F）和年漏气率（F_y），同时计算出补气间隔时间。其计算公式为

$$F = \frac{\Delta C(V_m - V_1)P}{\Delta t}$$

式中　ΔC——试验开始到完毕，泄漏气体浓度的增量，增量为平均值，$\times 10^{-6}$；

Δt——扣罩到测量的间隔时间，s；

V_m——封闭罩的体积，m^3；

V_1——设备的体积，m^3；

P——扣罩内气体压力，MPa。

年漏气率的计算公式为

$$F_y = \frac{F \times 31.5 \times 10^6}{V(P_t + 0.1)} \times 100\%$$

式中 V——设备的容积，m^3；

P_t——当时的大气压，MPa。

根据 SF_6 气体的年漏气率，按下式计算出 SF_6 气体的补气间隔时间 T，计算式为

$$T = \frac{(P_t - P_{min})V}{F \times 31.5 \times 10^6}$$

式中 P_{min}——最小运行压力，MPa。

2. **挂瓶法**

挂瓶法适用于法兰面有双道密封槽的设备。在双道密封圈之间有一个检测孔，GIS 设备充至额定压力后，取掉检测孔的螺塞，经 24h 后，用软胶管分别连接到检测孔处挂瓶。过一定时间后，取下挂瓶，用灵敏度不低于 10^{-8} 的检漏仪测定挂瓶里的 SF_6 气体的浓度。根据下式计算出密封面的漏气率。

$$F = \frac{CVP}{\Delta t}$$

式中 C——挂瓶内 SF_6 气体的浓度，$\times 10^{-6}$；

V——挂瓶容积，m^3；

P——取 0.1MPa；

Δt——挂瓶时间。

3. **局部包扎法**

对于安装好的 GIS 设备，多采用局部包扎法。在 GIS 设备安装完毕后，选用几个法兰口和阀门作为取样点，用厚约 0.1mm 的塑料薄膜在取样点的外周包一圈半，接缝向上，做成圆形的封闭状，以利于计算塑料袋的体积。用胶带沿边缘粘牢，塑料袋与 GIS 设备要保持一定的空隙。用检漏仪测定塑料袋里 SF_6 气体的浓度。根据以上公式分别计算出 GIS 设备的漏气率、年漏气率和补气间隔时间。

（二）SF_6 气体检漏仪

SF_6 气体检漏仪是 SF_6 气体绝缘设备安装、运行、检修工作中必不可少的检测设备。我国现行使用的 SF_6 气体检漏仪种类甚多，最常用的是高频振荡无极电离型 SF_6 气体检漏仪。

高频振荡无极电离型检漏仪最为常用，该检漏仪采用推挽式高频振荡电路，使振荡器维持在边缘振荡状态。电离腔两侧的高频电场电极与高频振荡线圈组成高品质因数的谐振回路。电离腔里的气体很稀薄，很容易发生电离，当电离腔内的气体不含 SF_6 气体时，由于气体电离吸收一部分高频电场和磁场的

能量，从而使品质因数下降，导致高频振荡器的振荡幅值降低。而当电离腔内的气体含有 SF_6 气体时，由于 SF_6 气体的负电特性，大量的自由电子被 SF_6 气体分子所俘获，从而降低了电离程度，振荡器的振幅亦将回升。测量振荡器的振幅变化，即可知道被试气体中的 SF_6 气体浓度，用仪表显示出来。LU－1 型的测量灵敏度为 0.01×10^{-6}（V/V）；测量范围为 $0.01\sim10000\times10^{-6}$（V/V）；响应时间为瞬时：可以用声、光、仪表显示出来。具有灵敏度高、测量范围宽、反应速度快、操作方便等优点，但也有重量大、误差较大的缺点。

表 1－6　　常用的 SF_6 气体检漏仪的特性表

仪表型号	测量灵敏度	测量范围	响应时间与显示方式	制造厂家
β 射线电离型 LH－108	0.01×10^{-6}（V/V）	$0.01\sim100\times10^{-6}$（V/V）	1s，用声、光、仪表显示	德国 MELTRON
紫外线电离型 MC－SF_6DB	0.5×10^{-6}（V/V）	$0.5\sim300\times10^{-6}$（V/V）	4s，用仪器显示	日本三菱公司
负电晕放电型 TIF－5000	3×10^{-6}（V/V）	—	瞬时；声音报警	—
负电晕放电型 HH－300	3×10^{-6}（V/V）	—	瞬时；声音报警	瑞士公司
负电晕放电型	9.5×10^{-8}g/s	—	瞬时；声音报警	法国

除此之外，尚有下列 SF_6 气体检漏仪，其性能参数见表 1－6。

目前使用的 SF_6 气体检漏仪进口的多些，虽然其售价高于国产仪表若干倍，但其质量比国产的小，误差值小。由于国产设备价格低廉，其测量误差已在允许的范围内，故国产设备仍有很好的前景。

（三）运行中 GIS 设备的补气操作

运行中 GIS 设备用小型充气装置补气，其操作程序如图 1－14 所示，首先将气瓶用高压软管与 SF_6 气体处理车进气阀相连，SF_6 气体处理车出气阀连接至 GIS 气室密度继电器的三通阀。连接完毕并确保密封良好，打开角阀，SF_6 气体从气瓶经高压软管到达进气阀门，经过减压阀、蒸发器、加热器、过滤网、止回阀达到出口阀，通过高压软管进入 GIS 气室中。

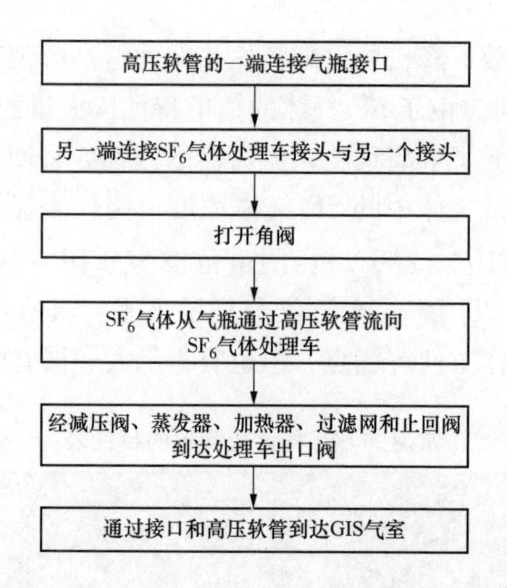

图1－14　运行中GIS设备的补气操作流程图

补气的压力要根据当时的环境温度、压力换算到额定状态，补气要做好记录。在补气之前称一下 SF_6 气体钢瓶的重量，在补气之后再称一次钢瓶的重量，两次称量的重量差即为补气的数量。如钢瓶里还有余气，要在钢瓶上注明 SF_6 气体余下的数量和补气的日期。充气 24h 之后应测量气体的含水量。

第四节　混合气体

一、混合气体概述

（一）混合气体物理性质

1. 混合气体的液化特性

SF_6 及其混合气体饱和蒸气压力与温度关系曲线如图 1－15 所示。由图可知，在－20℃时，30% SF_6 混合气体饱和蒸气压力约为 2.3MPa（图中未示出）；在－40℃时，30% SF_6 混合气体饱和蒸气压力约为 1.15MPa；在－50℃以下时，30% SF_6 混合气体饱和蒸气压力约为 0.77MPa。

2. 混合气体的均匀性

SF_6/N_2 混合气体中 SF_6 气体体积分数为 30% 的情况下，由图 1－16 可知，在高度差一定时，温度越高，SF_6 气体体积分数差别越小，即 SF_6/N_2 混合气体混合比越接近参照高度下的混合比；高度差 5m、温度为－50℃时产生的 SF_6 气体体积分数差别小于0.1%，高度差10m、温度为-50℃时产生的SF_6气体体积分数差别小于0.2%。

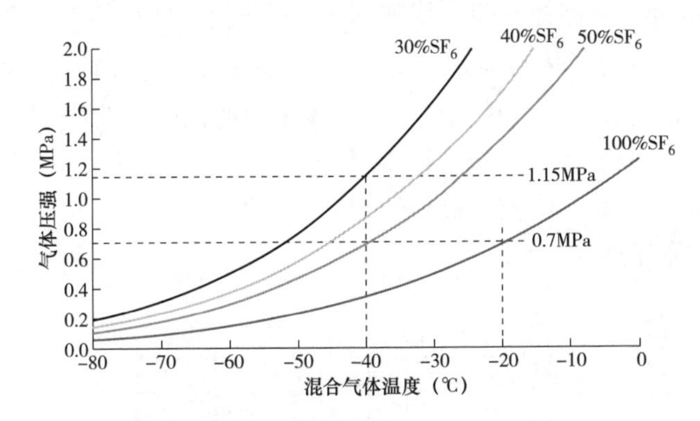

图1-15　SF_6及其混合气体饱和蒸气压力与温度关系曲线

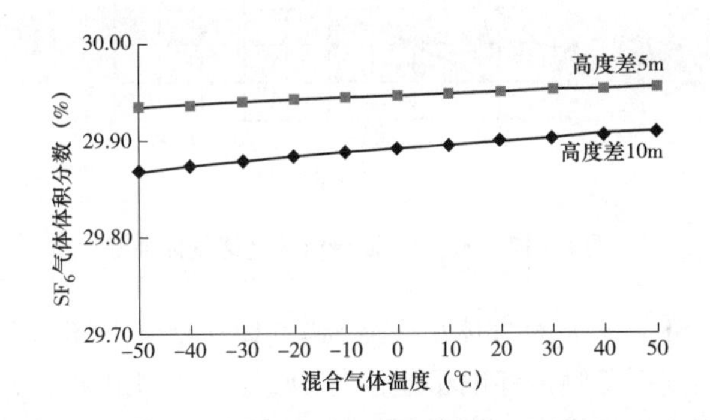

图1-16　SF_6气体体积分数随混合气体温度变化曲线

3. 混合气体的混合比

混合比是指混合气体中SF_6气体和N_2所占比例的百分比值。目前，国家电网有限公司内普遍采用混合比为30%/70%的SF_6/N_2混合气体作为绝缘气体。

混合比的确定主要考虑以下方面：①保证SF_6/N_2混合气体设备的电气性能满足工程应用要求；②尽量减少温室气体SF_6的使用；③要考虑GIS母线壳体、波纹管、盆式绝缘子等元件的承受压力。综合考虑GIS母线使用SF_6/N_2混合气体的绝缘水平、壳体耐受压力水平、各厂家校核情况，以及后续可能在GIS隔离接地开关气室中使用相同混合比的SF_6/N_2混合气体，国家电网有限公司和多个制造厂经研究讨论确定GIS母线统一使用混合比为30%/70%的SF_6/N_2混合气体，气体压力提高1.33倍，保证设备绝缘水平不降低且壳体和隔板耐压满足要求。

（二）混合气体绝缘特性

SF_6/N_2 混合气体绝缘性能曲线如图 1－17 所示。曲线 E^0cr 表示相同压力下，不同混合比混合气体与纯 SF_6 气体绝缘强度的比值；曲线 p^0 表示相同绝缘性能下，不同混合比混合气体与纯 SF_6 气体压力的比值；曲线 q^0 表示相同绝缘性能下，不同混合比混合气体与纯 SF_6 气体的 SF_6 用量比值。从图 1－17 看出，使用 SF_6 含量为 30%（体积含量）的 SF_6/N_2 混合气体，气体压力提高 1.33 倍可保证绝缘水平不变。

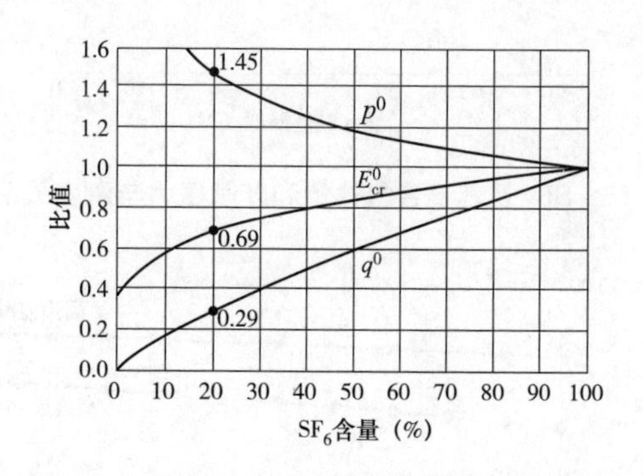

图 1－17　SF_6/N_2 混合气体绝缘性能曲线

不仅如此，SF_6/N_2 混合气体相比纯 SF_6 气体在绝缘上还具有一定优势。分析不同电场均匀度下工频击穿电压比值与 SF_6 气体体积分数的关系，结果显示在电场不均匀度由均匀场变向极不均匀场的过程中，SF_6/N_2 混合气体相对 SF_6 气体的工频和冲击击穿电压比值将增大，在 SF_6 气体体积分数由 10% 变为 40% 的区间内比值增大较为明显，SF_6/N_2 混合气体相对 SF_6 气体在一定程度上降低了对电场的敏感性。

分析金属颗粒存在条件下 SF_6 气体和 SF_6/N_2 混合气体的击穿和局部放电特性，结果显示：不论混合气体还是纯 SF_6 气体中金属颗粒的存在使击穿场强下降，但纯 SF_6 气体中下降程度更大，纯 SF_6 气体对金属微粒更加敏感；混合气体的局部放电起始电压明显高于纯 SF_6 气体。这是因为混合气体的电离系数随 N_2 比例的增高而降低，气体间隙中弥散的带电离子数量随之减少，对畸变电场的影响随之降低，因此 SF_6/N_2 混合气体对金属颗粒的敏感程度有所降低。

（三）混合气体分解特性

SF_6/N_2 混合气体在异常放电和过热情况下的主要分解产物包括 SO_2、H_2S、

CO、SO_2F_2、SOF_2、CO_2、NF_3、N_2O、HF 等。由于混合气体中含有 SF_6 气体，因此采用纯 SF_6 故障气体分析和判断方法对故障分析同样具有指导意义，具体可参考《六氟化硫电气设备故障气体分析和判断方法》（DL/T 1359—2014）对故障进行定性判断。

二、混合气体的改造

（一）混合气体气压变化

根据国内外科研院所的理论研究和试验数据可知，低含量 SF_6/N_2 混合气体中 SF_6 气体含量从 0 提高到 20% 时击穿电压提高很快，但是超过 20% 后击穿电压提高就变得较为缓慢。同时考虑到电极表面粗糙度、自由微粒、超高频检测局部放电和气体泄漏等因素，研究经验认为用作 GIS 母线输电线路绝缘气体的 SF_6/N_2 混合气体中 SF_6 气体含量可以在 10%~30% 中选取。

由于 SF_6/N_2 混合气体的耐电强度低于纯 SF_6 气体，因此在产品尺寸不变的情况下，用 SF_6/N_2 混合气体取代纯 SF_6 气体时，要想达到相同的绝缘强度，则混合气体的充气压力必须高于纯 SF_6 气体的充气压力。

依据实际使用情况，确定对于 SF_6 体积分数为 30% 的 SF_6/N_2 混合气体，需将混合气体气压提高到纯 SF_6 气体时的 1.33 倍，即

$$p_{SF_6/N_2} = 1.33 \times (p_{SF_6} + p_0) - p_0$$

式中 p_{SF_6/N_2} ——混合气体额定压力（相对）；

p_{SF_6} ——SF_6 气体额定压力（相对）；

p_0 ——大气压力。

252kV GIS 用母线采用 SF_6 气体绝缘，额定压力为 0.4MPa，报警压力为 0.35MPa；计算得出 252kV GIS 用母线采用 SF_6/N_2 气体绝缘，额定压力为 0.6MPa，报警压力为 0.55MPa。

（二）混合气体改造流程

混合气体 GIS 设备改造工作主要对 SF_6 气体、密度继电器进行更换，增加罐体标识和差异化接口。由于混合气体改造引起设备承压和绝缘性能变化，根据各制造厂的设备特点，必要时进行压力释放装置更换、波纹管碟簧和快速接地开关改造等。

1. 气体回收

改造气室回收 SF_6 气体并抽真空，相邻气室 SF_6 气体回收至半压。

2. **设备部件更换及改造**

（1）密度继电器更换。在气室改造过程中，需将 SF_6 密度继电器更换为混合气体密度继电器，并加装混合气体专用接头。

施工方法：拆除原有 SF_6 密度继电器接线，拆下 SF_6 密度继电器，清洁对接面、更换密封圈后，安装混合气体专用接头及密度继电器并恢复接线。

（2）压力释放装置更换（必要时）。在气室改造过程中，由于充入混合气体后气室压力较改造前升高，部分设备原有压力释放装置与改造后气室压力不匹配，不满足运行要求，需进行更换。

施工方法：拆下原有压力释放装置，清洁对接面、更换密封圈后，安装新压力释放装置。

（3）波纹管碟簧改造（必要时）。母线气室改造过程中，由于改造后气体压力变化，需对部分温补型波纹管碟簧进行预压力调整或更换改造。

施工方法：拆解波纹管拉杆螺栓根部碟簧桶，调整或更换碟簧后恢复，不涉及波纹管或母线气室本体拆解。

（4）快速接地开关改造（必要时）。为保障混合气体改造后快速接地开关关合短路电流能力，需对部分快速接地开关进行改造，改造方法有以下两种：

1）提升快速接地开关动作速度。对快速接地开关机构进行改造，更换机构弹簧，提高分合闸速度。

施工方法：打开机构箱箱体，拆除弹性挡圈及轴销，使用压簧工装更换机构弹簧后复装恢复。改造后，应进行机械特性测试。

2）对快速接地开关静触头进行改造，采用静弧触头，在保持开距不变的情况下提高关合短路电流的能力。

施工方法：拆除快速接地开关机构箱，从快速接地开关安装法兰处拔出动触头侧机构，更换静触头后恢复动触头侧机构及机构箱。改造后，应进行回路电阻和机械特性测试。

（三）抽真空及静置

混合气体 GIS 设备改造中抽真空及静置施工流程与 SF_6 设备一致，参照《国家电网公司变电检修管理规定（试行）》[国网（运检/3）831—2017] 及《六氟化硫气体回收装置技术条件 第 2 部分：SF_6/N_2 混合气体回收装置》（DL/T 662.2—2021）执行。

先对设备抽真空至 133Pa，再继续抽气 30min 以上，停泵 30min，记录真空度（A），静置 5h 以上，读取真空度（B），若 $B-A<133$Pa，即可进行充气

操作。

（四）充入混合气体及静置

（1）抽真空及静置完成后，设置配制混合气体比例信息，开始进行混合气体配制，SF_6/N_2混合比为30%/70%。

（2）在充气装置出口检测混合气体混气比例，所配气体混合比与设备要求偏差不超过±1%，氧气含量（体积比）不大于0.5%。充混合气体前，充气管路应用N_2进行清洗。

（3）严格控制SF_6气体和N_2的流量，充气过程中时刻监视配气仪的混合比指示，发现异常立即停止。充气过程中，当SF_6气瓶内压力降至0.1MPa或N_2气瓶内压力降至0.2MPa时，应更换气瓶。

（4）为防止凝露，充入设备中的混合气体在额定压力下露点不应高于-5℃。

（5）设备充混合气体到额定压力时，关闭气路阀门和充气设备，对所有密封面进行局部包扎，记录压力值和环境温度。

（6）充气完毕静置24h后，进行气室气密性、气体混合比及湿度检测，均应符合规定。

（五）交流耐压试验

混合气体GIS设备改造中交流耐压试验流程与SF_6设备一致，参照《高压交流开关设备和控制设备标准的共用技术要求》（GB/T 11022—2020）执行。

三、混合气体的补气及回收

（一）补气

混合气体设备进行补气作业前，应使用混气比检测仪对设备内的气体混合比进行检测，确定需要补充的混合气体比例。

（1）使用混合气体充补气装置充入混合气体前，在充补气装置出口检测混合气体比例，偏差不超过±1%。

（2）严格控制SF_6和N_2的气体流量，充气过程中时刻监视充气装置的混合比指示，发现异常立即停止。充气过程中，气瓶或储气容器压力SF_6低于0.1MPa、N_2低于0.2MPa时更换气瓶。

（3）补气结束后，应对混合气体设备进行检漏，确认无泄漏。

（4）在补气作业结束24h后，对混合气体设备中混合气体的混合比、湿度等项目进行检测，混合气体混合比与混合气体设备额定气体混合比的偏差不超过 ±1.0%，气体湿度、含氧量等满足混合气体绝缘设备运行技术要求。若不符合要求，必须进行处理，直至合格。

（二）混合气体回收

（1）回收时观察混合气体分离回收装置中气体状态，分离出来的 SF_6 气体液化后，将 SF_6 液体灌装至钢瓶，在钢瓶上标识回收气体信息；同时分离出来的 N_2 气体中 SF_6 气体残余浓度应小于 0.05%。

（2）当混合气体设备内气体压力小于 0.005MPa（绝对压力）时，可视为混合气体设备内气体回收完毕，此时关闭混合气体分离回收装置进气阀门、混合气体设备充放气口，并停止混合气体分离回收装置压缩机，断开连接管路。

（3）室内工作时需打开强制排风措施，作业完成后关闭。

（4）各单位自行回收的 SF_6 气体应储存在专用钢瓶中，待回收气体积累至一定量后集中送往省级六氟化硫回收处理中心进行净化处理。混合气体设备故障后回收的气体应分类单独存放。

四、气体质量监督管理

（一）气体质量监督要求

（1）SF_6 新气的质量监督应按《六氟化硫电气设备气体监督导则》（DL/T 595—2016）执行，按照《工业六氟化硫》（GB/T 12022—2014）中的分析项目和质量指标进行验收。

（2）SF_6 气体储存半年以上，使用单位充气前应复测其中的湿度和空气含量，湿度应不大于 5×10^{-6}（质量分数），空气含量应不大于 300×10^{-6}（质量分数）。

（3）回收再利用的 SF_6 气体质量监督应符合 DL/T 662.2—2021 中第 5.4 条的规定，达到 SF_6 新气要求。

（4）N_2 气体质量监督应符合《纯氮、高纯氮和超纯氮气相色谱检测方法》（GB/T 8979—2008）中高纯氮的规定。

（二）充入设备后、投运前、交接时混合气体质量监督

充入设备后、投运前、交接时混合气体质量指标及周期见表 1－7。

表 1-7　　充入设备后、投运前、交接时混合气体质量监督

序号	项目	周期	单位	标准
1	混合比例偏差	投运前	%（体积比）	≤ ±1
2	气体泄漏	投运前	%年	≤0.15
3	湿度（20℃）	投运前	μL/L	≤200
4	含氧量	投运前	%（体积比）	≤0.5
5	酸度（以 HF 计）	必要时	%（重量比）	≤0.0003
6	可水解氟化物（以 HF 计）	必要时	%（重量比）	≤0.0001
7	矿物油	必要时	%（重量比）	≤0.001
8	气体分解产物	必要时	SO_2≤5，H_2S≤2，HF≤1[a]，CO≤100[b]	

[a] 有条件时进行。

[b] 参考警示值。

（三）运行中混合气体质量监督

运行中混合气体检测项目、周期和标准见表 1-8。

表 1-8　　运行中混合气体分析项目及质量指标

序号	项目	周期	单位	标准
1	混合比例偏差	1~3 年/次 必要时	%（体积比）	≤ ±1
2	气体泄漏	必要时	%年	≤0.15
3	湿度（20℃）	1~3 年/次 必要时	μL/L	≤400
4	含氧量	1~3 年/次 必要时	%（体积比）	≤0.5
5	酸度（以 HF 计）	必要时	%（重量比）	≤0.0003
6	可水解氟化物（以 HF 计）	必要时	%（重量比）	≤0.0001
7	矿物油	必要时	%（重量比）	≤0.001
8	气体分解产物	必要时	注意设备中的分解产物变化增量	

新设备投入运行及分解检修后 1 年应检测 1 次；运行 1 年后无异常情况，

可间隔 1～3 年检测 1 次。如混合比例偏差、湿度、含氧量符合要求，且无补气记录，可适当延长检测周期。

（四）设备检修前、解体时混合气体质量监督

1. 设备检修、解体时的管理

（1）设备检修、解体前，应按《六氟化硫电气设备中气体管理和检测导则》（GB/T 8905—2012）的要求对气体进行全面的分析，确定其有害成分含量，制定安全措施。

（2）设备解体大修前的气体检验，必要时可由技术监督机构复合检测，并与设备使用单位共同商议检定特殊项目及要求。

（3）设备检修前，应对设备内混合气体进行回收，不得向大气排放 SF_6 气体。

2. 设备检修、解体的安全防护

（1）设备检修、解体时的安全防护应按《六氟化硫电气设备运行、试验及检修人员安全防护导则》（DL/T 639—2016）中有关规定执行。

（2）进行混合气体设备检修的工作人员，应经专门的安全技术知识培训，佩戴安全防护用品。

（五）气体储存、运输

1. 储存、运输容器要求

充装、储运气体的钢瓶应符合《钢质无缝气瓶》（GB 5099—1994）的规定。气瓶内气体压力和充装系数应不大于钢瓶的设计值，见表 1－9。

表 1－9　常用瓶装气体公称工作压力及充装系数

气体类别	气体名称	化学式	公称工作压力（MPa）	充装系数（kg/L）
永久气体	氮	N_2	30 20 15	—
高压液化气体	六氟化硫	SF_6	12.5 8	1.33 1.17

2. 新气储存、运输

（1）气体的存储与运输应符合国家《气瓶安全监察规程》和《危险化学

品安全管理条例》的规定。

（2）氮气的储存和运输应符合《工业氮》（GB/T 3864—1996）第5章相关要求。

（3）SF_6新气的储存和运输应符合GB/T 12022—2014中第6.1节相关要求。

3. 使用过的SF_6储存、运输

（1）使用过的SF_6气体的储存和运输应符合GB/T 8905—2012中第12章的相关要求。

（2）存储使用过的SF_6气体的气瓶或容器应做出特殊标记，避免与存储新气的容器混淆。

（3）曾存储使用过的SF_6气体的容器禁止充装或运输SF_6新气。

（4）使用过的SF_6气体在充装时，由于含有氮、氧等气体，充装系数比充装SF_6新气时低：气瓶设计压力为8MPa时，可按1kg/L的充装系数进行充装。

五、退役气体处置

由于混合气体中氮气无法直接压缩，因此需在现场对混合气体进行回收，将其中SF_6回收循环利用。以下几种情况下混合气体应进行回收：

（1）设备压力过高时；

（2）在对设备进行维护、检修、解体时；

（3）设备构件需要更换时。

在进行回收时，应严格按《国家电网公司六氟化硫气体回收处理和循环再利用监督管理办法》（国家电网企管〔2017〕1066）和GB/T 8905—2012相关规定，对废旧SF_6气体进行回收和循环利用，并配合环保监督责任部门做好数据统计工作，建立统一的SF_6气体储存点；回收后的SF_6气体应送往六氟化硫净化处理中心进行净化处理，处理后的气体应达到新气的质量要求。

由于混合气体替代过程中会有大量的SF_6气体替换下来，对于SF_6气体回收、净化处理和重复使用应建立统一信息台账，并在新建变电站中优先使用退役的SF_6气体。

回收后气体的净化处理按DL/T 662.2—2021中5.2的要求执行。

净化后气体按《六氟化硫混合气体混气比检测方法》（DL/T 1985—2019）的要求进行抽样检测，达到新气质量标准。

第五节　电气主接线及运行方式

电气主接线是汇集和分配电能的通路，它决定了配电装置设备的数量，并表明以什么方式来连接发电机、变压器和线路，以及怎样与系统连接，来完成输配电任务。

主接线的确定与电力系统的安全、经济运行，与系统的稳定和调度的灵活性，以及与电气设备的选择、配电装置的布置、继电保护及控制方式的拟订都有密切关系。在确定发电厂、变电站的一次系统接线方式时，要结合系统和用户的具体要求，同时还要考虑施工和检修是否方便。因此，研究各种不同电气主接线方式的运行特点，具有十分重要的意义。

一、电气主接线基本要求

在选择发电厂或变电站的主接线时，应注意发电厂或变电站在系统中的地位、回路数、设备特点及负荷性质等条件，并考虑下列基本要求。

1. 供电可靠性

当个别设备发生事故或者需要停电检修时，应能保证对重要用户连续供电。

2. 运行安全性和灵活性

电气主接线的布局要求尽可能适应各种运行方式。不但在正常运行时能很方便地投入或切换某些设备，而且在其中一部分电路检修时，应尽量保证未检修的设备继续供电，同时又要保证检修工作的安全进行。

3. 接线简单操作方便

电气主接线的布局要求在各种切换操作时操作步骤最少。过于复杂的接线，会使运行人员操作困难，容易造成误操作而发生事故。电气设备增多，也增加了事故点，同时复杂的接线也给继电保护的选择带来很大困难。

4. 建设及运行经济性

设计主接线除了考虑技术条件外，还要考虑经济性，即基建投资和年运行费用、年电能损耗的多少。一般要对满足技术要求的几个方案进行技术经济比较，然后从中选定。

5. 将来扩建的可能性

电气主接线应考虑未为扩建的可能性，留出扩建空间。

以上对于电气主接线的五个基本要求，要具体情况具体分析，进行综合考虑。

二、主接线基本形式

常用的主接线形式可分为有母线和无母线两大类，旁母接线形式已逐渐淘汰。

有母线的主接线方式包括单母线接线和双母线接线。单母线接线又分为单母线无分段、单母线有分段、单母线分段带旁路等多种形式。双母线接线又分为单断路器双母线、双断路器双母线、3/2 断路器双母线及带旁路母线的双母线接线等多种形式。

无母线的主接线方式主要包括单元接线、桥形接线和多角形接线。

（一）单母线接线

单母线接线如图 1－18 所示。单母线接线的优点是接线简单明了，建造费用低，操作方便；缺点是供电可靠性低，不仅母线故障和断路器故障会引起变电站全停，而且母线隔离开关检修时也必须将变电站全部停电。因此，单母线接线方式一般只在变电站建设初期无重要用户或出线回路不多的单电源小容量变电站中采用。

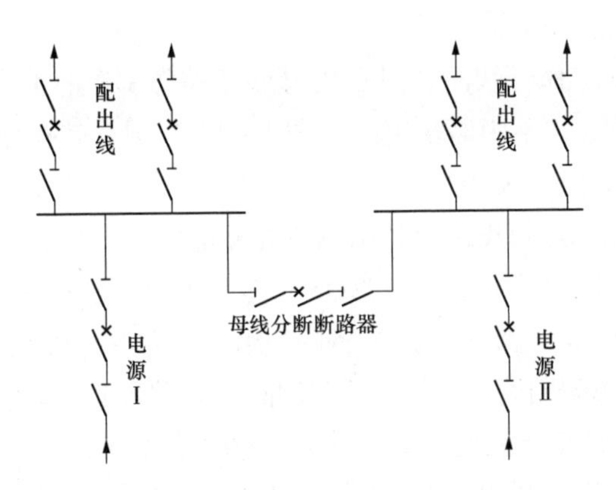

图 1－18 单母线接线

（二）双母线接线

为了避免单母线在母线或母线隔离开关故障或检修时引起长时间停电，可采用双母线接线。这种接两条母线的方式可同时运行，电源和引出线可适当分配在两组母线上。由于继电保护的要求，一般引出线以固定连接方式运行，以保证用户供电的可靠性。双母线接线如图 1－19 所示。

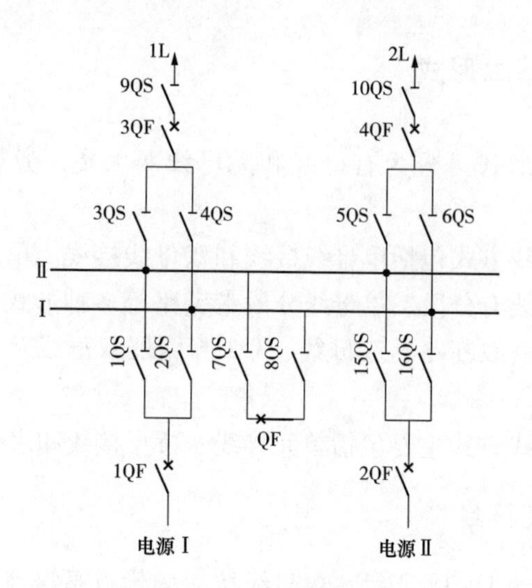

图 1－19 双母线接线

图 1－19 所示的这种接线方式每回引出线经一台断路器和两组隔离开关分别接到两组母线上，并装有一组母线联络断路器（简称母联）。

1. 单断路器双母线接线方式

此接线方式优点如下：

（1）需要检修工作母线时，可利用母联断路器 QF 把工作母线上的全部负荷倒换到备用母线上，不中断供电。以图 1－19 为例，其操作步骤如下：

1）首先合上隔离开关 7QS、8QS；

2）合上母联断路器 QF，向备用母线Ⅱ充电；

3）合上备用母线各隔离开关，1QS、3QS、5QS、15QS；

4）拉开工作母线（母线工）的各隔离开关，2QS、4QS、6QS、16QS；

5）最后断开母联断路器 QF 及其两侧隔离开关 7QS、8QS。

因此，工作母线退出运行后，可进行检修工作。

（2）检修任一组母线隔离开关时，只需断开此隔离开关所属的一条回路和与此隔离开关相连的母线。其他电路均可通过另一组母线继续运行。

（3）工作母线在运行中发生故障时，可利用备用母线迅速恢复对各配出线的供电。

（4）任一断路器出现拒动或因故不允许操作时，可利用母线联络断路器来代替该回路的断路器进行操作。

由上所述，图1－19所示的双母线接线较单母线接线提高了供电可靠性和运行灵活性。但也存在一些缺点，具体如下：

（1）在切换母线操作时，隔离开关的操作次数频繁，容易因误操作引起重大事故。

（2）工作母线故障时，该母线上的全部出线仍出现短时间停电。

（3）检修引出线断路器时，该电路仍必须停电。

（4）双母线接线方式使用的隔离开关比单母线多，结构复杂，投资增加。

为消除上述缺点，可在原有的主接线基础上进行拓展，比如双母线分段接线：将双母线接线中的一组母线或两组母线用断路器分段，成为双母单分段或双母双分段接线。

2. 双母单分段接线

双母单分段接线比双母线更具可靠性，运行方式更加灵活，兼有单母线分段接线和双母线接线的特点，将两个母线联络断路器和一个分段断路器合上，三段母线将并列运行，如图1－20所示。该运行方式降低了全站停电事故的可能性，母线故障时的停电范围只有1/3，此时没有停电部分还可以按双母线或单母线分段运行。

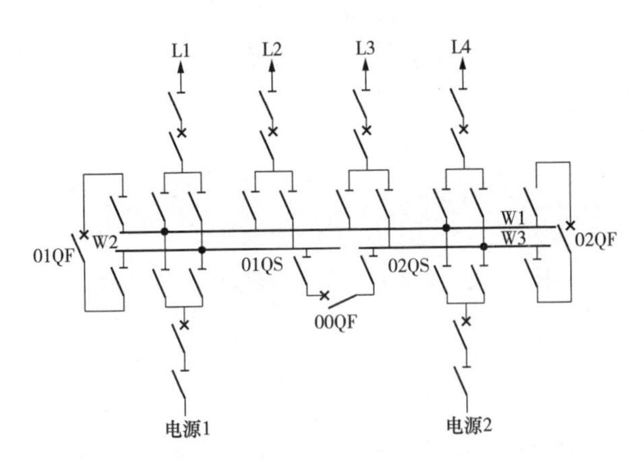

图1－20　双母线三分段接线

00QF—母线分段断路器；01QF、02QF—母线联络断路器

3. 双母双分段接线

为进一步提高大型电厂和变电站的主接线可靠性，可将两组母线均用分段断路器分为两段，构成双母双分段接线。该接线方式下母线故障时的停电范围只有1/4，供电可靠性进一步提高。

（三）3/2 断路器接线方式（3/2 接法）

3/2 断路器接线方式即两条回路使用三台断路器的双母线接线方式，如图 1－21 所示。正常双母线运行，所有断路器都投入。任何一条引出线故障，其两侧断路器自动断开，其他回路继续运行。当检修断路器时，只需将该断路器断开，并拉开其两侧的隔离开关。3/2 断路器接线具有双母线双断路器接线的优点，但使用的断路器减少了 1/4。国外超高压大容量变电站已广泛采用，在我国 500kV 系统中，这种接法也是可供选择的主接线方式之一。

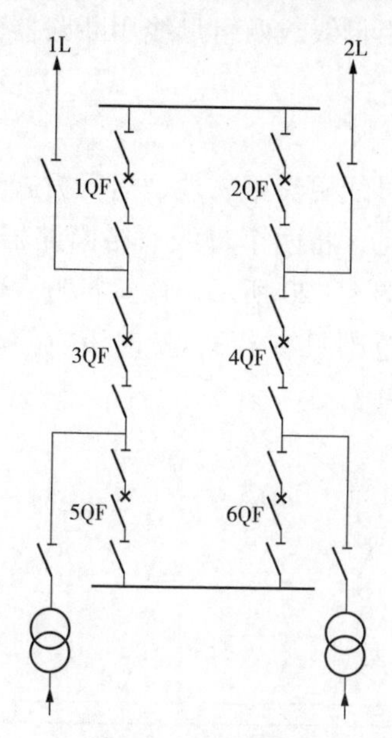

图 1－21　3/2 断路器接线双母线运行方式

（四）桥形接线

当只有两台变压器和两条线路时，可采用桥形接线。桥形接线分为内桥接线和外桥接线，如图 1－22 所示。内桥接线桥断路器在内侧，其他两台断路器接在线路侧；外桥接线桥断路器接在外侧，其他两台断路器接在变压器侧。

1. 内桥接线的特点

线路的投切比较方便，线路故障时仅故障线路跳闸，不影响其他回路运行。但变压器故障时，与该变压器连接的两台断路器都跳闸，从而影响正常线路的运行。此外，变压器投切比较麻烦，需操作与该变压器连接的两台断路器。但由于变压器元件比较可靠，故障概率较低，一般也不经常切换，因此采

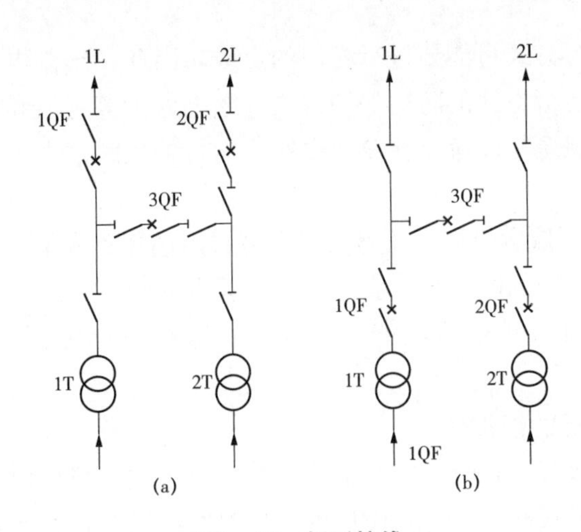

图 1－22　桥形接线

（a）内桥接线；（b）外桥接线

用内桥较多。

2. 外桥接线的特点

线路故障投切时，需操作与之相连的两台断路器，并影响变压器正常运行，但变压器投切不影响回路供电。故外桥接线适用于线路较短、检修操作和故障均较少、变压器又经常切换的情况。当电网有穿越功率输送时，也可采用外桥接线。

桥形接线设备少，接线清晰，操作简单，投资少，便于维护，适用于中小容量或负荷较小、回路数不多的新建电厂或变电站。

（五）电气主接线运行方式编制

电气主接线运行方式的编制是直接影响安全、经济运行的一项重要工作。调度在编制运行方式时，要遵守下列基本原则。

1. 保证对重要用户的可靠供电

对于重要用户应采用双回路供电，即利用两个独立的电源同时对用户供电。这样，当两个电源中的一个发生故障时，另一个电源可以照常工作。

2. 要便于事故处理

变电站的主接线运行方式，要考虑部分设备发生故障时，能通过紧急倒闸操作，对重要负荷迅速恢复送电。对于变电站多台变压器的容量选择，要考虑到其中一台变压器故障时，其余变压器能承担全部重要用户的供电。

3. 要满足防雷保护、继电保护和消弧线圈运行的要求

当变电站的电气主接线运行方式发生改变时，防雷保护方式、继电保护装置及消弧线圈运行方式可能要进行相应的更改。因此在编制电气主接线运行方式时，应对各种运行方式的防雷保护方式、继电保护整定值和消弧线圈投运方式都做出明确的规定，以避免在改变主接线运行方式时，由于继电保护误动作而造成事故。

4. 断路器的断流容量应大于最大运行方式时的短路容量

如果高压断路器的断流容量小于系统计算点的短路容量，则当被保护区域内发生短路事故时，断路器不能顺利断弧，这样有可能引起爆炸以致扩大事故。

5. 要考虑运行的经济性

在编制各种运行方式时，要尽量使功率分配合理，减少由于线路潮流引起的电能损耗。对于双回线供电，应尽可能将双回线同时投入运行，以减小电流密度。对于环状运行的电网，应尽量缩短解列时间，以避免不必要的线损增加。变电站的主变压器投运台数的选择，也直接影响到变压器的电能损耗。

本章小结

本章简单地介绍了电气设备中开关电器的相关概念。首先，概述了电接触的三种类型及其电阻影响因素，分析了触头长期运行中的发热和磨损问题。然后，探讨了电弧的产生、特性及其对设备可能造成的损害，并提出了灭弧策略。文章还涉及电气主接线的设计要点和主要形式，以及 SF_6 气体的物理特性和在电气设备中的应用。最后，强调了 SF_6 气体管理的重要性，为理解电气设备的关键组件和确保电力系统安全运行提供了理论基础。

本章测试

1. SF_6 断路器的年漏气量是怎么规定的？SF_6 断路器气体泄漏可能有哪些原因？

2. 在什么情况下，需要对 SF_6 断路器进行检漏？

3. SF_6 气体中的水分有哪些可能的来源及其产生原因是什么？

第二章

GIS设备概述

第一节　GIS 设备及相关术语

一、GIS 设备

气体绝缘金属封闭开关设备（gas - insulated metal - enclosed switchgear，GIS）是由断路器、隔离开关、接地开关、电流互感器等电气元件组成的成套气体绝缘封闭开关设备，除外部连接外，电气元件均密封在完整接地、内部充有一定压强 SF_6气体或其他混合气体作为绝缘介质的金属外壳内。

随着电力系统发展需要，一些 GIS 厂家陆续推出一种新型户外 SF_6气体绝缘金属封闭式组合电器，即 HGIS（hybrid gas - insulated metal - enclosed switchgear）。HGIS 是处于户外空气绝缘开关设备 AIS 和户外 SF_6气体绝缘开关设备 GIS 中间的一种高压开关设备，其不含气体绝缘封闭母线或者不含气体绝缘母线、避雷器和电压互感器。这样既可以降低造价，又能够减少内部放电的概率，提高电气可靠性。虽然 HGIS 的占地面积比 GIS 大，但是比 AIS 小得多（约为 AIS 的 60%），并且充分利用了电气设备的上层空间。

为了进一步提高 GIS 的运行可靠性、设备可用率，保证变电站和电网的运行安全，GIS 各个功能单元嵌入传感元件或智能组件及整个智能系统，使其具有在线测量、实时监测、故障诊断和保护等功能。例如盆式绝缘子嵌入局部放电监测模块、采用电子式互感器替代传统电磁式互感器、光纤替代大量二次控制电缆等。智能变电站的建设和高压开关设备的智能化技术尚处于发展过程中，许多新问题尚需研究，相应的设计规范、设备制造标准及技术要求、技术方案等仍在实践中不断探索。GIS 的智能化也应在实践中不断进行深入研究，在保证 GIS 设备本身的运行可靠性不被降低的基础上，科学且有条不紊地将 GIS 的智能化工作不断向前推进，以满足现代智能电网和智能变电站发展和建设的需要。

二、GIS 相关术语

参照《额定电压 72. 5kV 及以上气体绝缘金属封闭开关设备》（GB/T 7674—

2020)，GIS 相关术语说明见表 2－1。

表 2－1　　GIS 相关术语说明

序号	术语名称	术语说明
1	主回路	用于输送电能的回路中所包含的气体绝缘金属封闭开关设备的所有导电部件
2	辅助回路	气体绝缘金属封闭开关设备中用于控制、测量、信号和调节的回路（不同于主回路）的所有导电部件，包含开关装置的控制和辅助回路
3	元件	气体绝缘金属封闭开关设备中实现特定功能的主要部件。例如断路器、隔离开关、接地开关、负荷开关、互感器、套管母线、避雷器等
4	外壳	气体绝缘金属封闭开关设备的部件，它保持处于规定条件下的绝缘气体以安全地维持要求的绝缘水平，保护设备免受外部影响并对人员提供安全防护。外壳是三极或单极的
5	隔室	气体绝缘金属封闭开关设备的一部分，除了互相连接和控制需要打开外全部封闭。隔室可根据内部的主要元件命名，例如断路器隔室、母线隔室
6	隔板	把一个隔室和其他隔室分开的绝缘子。通常为两侧承压的盆式绝缘子
7	支持绝缘子	支撑一极或多极导体的内部绝缘子
8	套管	在外壳端头处可承载一极或多极导体并与其绝缘的结构件，包括连接方式。其中，与绝缘件的连接方式（例如法兰和固定装置）是套管的一部分，GIS 中常用的套管形式有气体－空气套管、油－气体套管、电缆终端
9	外壳的设计温度	在规定的最严酷使用条件下外壳所能达到的最高温度
10	外壳的设计压力	用于确定外壳设计的相对压力，至少等于在规定的最严酷使用条件下绝缘气体所能达到的最高温度时外壳内部的最高压力。确定设计压力时不考虑开断操作（例如，断路器）过程中或随后出现的瞬态压力

续表

序号	术语名称	术语说明
11	隔板的设计压力	隔板两边的相对压力，它至少等于维修活动中隔板两侧的最大相对压力。确定设计压力时不考虑开断操作（例如，断路器）过程中或随后出现的瞬态压力
12	破裂	由于压力升高导致外壳损坏并伴有固体材料抛出。"外壳没有破裂"按如下解释：隔室没有爆破；没有固体部件从隔室中飞出
13	运输单元	无须拆卸即可装运的气体绝缘金属封闭开关设备的部件
14	绝对漏气率	单位时间内气体泄漏总量，以 Pa m^3/s 表示
15	相对漏气率	在充有额定充入压力（或密度）的系统中，相对于气体总量的绝对漏气率
16	压力降	在不补气的条件下，在给定的时间内由绝对漏气率引起的压力降低
17	探漏	围绕总装缓慢移动检漏仪的探头，或者使用其他成像仪器来确定漏气点位置的行为

第二节　GIS 设备内部结构和特点

一、按内部结构型式分类

GIS 设备按内部结构型式的不同可以分为三相共箱式、三相分箱式，以及主母线共箱、其余部分三相分箱式。

三相共箱式 GIS（如图 2－1 所示）是将三相主回路元件装在一个共用的筒体内，由盆式绝缘子（隔板）将其分为不同的隔室，根据元件不同，内部充入不同压力的绝缘气体。该型式结构紧凑，占地面积小，便于运输及现场安装。由于三相共箱，三相相互影响，使得三相导体的布置和电场设计非常重要。这种结构主要应用在 126kV 及以下电压等级的 GIS 中。

图 2－1　三相共箱式 GIS 结构示意图

三相分箱式 GIS（如图 2－2 所示）是将三相主回路元件按相别分别装在独立的筒体内，三相之间互不干扰，某一相故障时其余两相仍能继续运行。该型式占地面积大，外壳感应电流可能达到主回路电流的 60% 以上，因此需要装设足够数量的短接线，以形成闭环回路，再接入接地回路和接地网。这种结构主要应用在 500kV 及以上的 GIS 中。

图 2－2　三相分箱式 GIS 结构示意图

主母线共箱、其余部分三相分箱式 GIS（如图 2－3 所示）是介于三相共箱式和三相分箱式的结构形式，因为母线电场的均匀度更容易解决，这样就能减少一定的造价和节约一些占地面积。这种结构主要应用在 252kV 及 363kV 电压等级的 GIS 中。

图 2-3 主母线共箱、其余部分三相分箱式 GIS 结构示意图

二、按绝缘介质分类

依据采用绝缘介质的不同可以将 GIS 分为两类：一类是所有主回路元件均采用同一类型的绝缘气体绝缘，例如 SF_6气体、N_2/SF_6混合气体、C_4气体等（本书中所涉及的绝缘气体均指 SF_6气体）；另一类是将部分元件采用空气绝缘的敞开式设备，如母线、进出线侧避雷器、电压互感器、阻波器等，而断路器、隔离开关、接地开关、电流互感器等仍为气体绝缘的金属封闭设备，该类设备称为 HGIS（见图 2-4）。HGIS 可以充分利用 GIS 的上部空间，降低变电站的造价。它的占地面积比 GIS 大，但比全用敞开式设备的变电站要小好多，而主要元件又保持了 GIS 的基本特点，在一定程度上增加了变电站的电气运行可靠性。

图 2-4 HGIS 结构示意图

三、GIS 设备特点

采用气体绝缘金属封闭开关设备（GIS）的变电站与采用空气绝缘（AIS）的变电站相比，GIS 的优缺点如下。

（一）优点

（1）由于 SF_6 有更好的绝缘性能，采用一定压力的 SF_6 气体作为绝缘介质，可以使 GIS 结构紧凑、体积小、占地面积小。

（2）采用全封闭结构，受大气条件和环境条件的影响小，更适用于沿海盐雾地区，化工、水泥、矿山等重污染地区，大气条件恶劣及高海拔地区。十八项反措中规定“用于低温（年最低温度为 -30℃及以下）、日温差超过 25K、重污染 e 级或沿海 d 级地区、城市中心区、周边有重污染源（如钢厂、化工厂、水泥厂等）的 363kV 及以下 GIS，应采用户内安装方式，550kV 及以上 GIS 经充分论证后确定布置方式。”

（3）GIS 均采用运输单元或整间隔运输至变电站，便于现场安装，缩短了现场安装调试时间。

（4）因带电导体均处于金属接地壳体内，对电磁和静电实现屏蔽，噪声小，抗无线电干扰能力强，使得 GIS 对周围环境的影响比 AIS 小得多，电压等级越高其优越性越明显。

（5）运行维护工作量小，检修周期可以适当延长。

（二）缺点

（1）对 GIS 的生产工艺、厂内及现场安装环境及安装工艺、试验设备、人员技术素质等条件要求高，制造难度大、成本昂贵。

（2）密封性能要求高。若 GIS 因制造、安装或检修质量问题而发生 SF_6 漏气，将影响设备的安全运行，且产生较高的补气维护费用。

（3）GIS 元件密度大，一旦发生内部闪络和放电故障，则导致失效或损坏的设备多，检修工作量大、周期长。

（4）需要大量的 SF_6 气体，若发生内部故障，其产生的 SF_6 分解物对检修人员及环境造成危害，对环保要求高，气体维护工作量大。

（5）GIS 各生产厂家的元件通用性差，使得设备的检修、零部件更换准备以及变电站扩建选型等流程繁琐。

本章小结

本章介绍了气体绝缘金属封闭开关设备（GIS）的概念及相关术语，并简单概述了其基本构造和特点。GIS 由多种电气元件组成，密封在充有 SF_6气体的金属外壳中，具有结构紧凑、占地小、环境适应性强等优势。新型 HGIS 结合了 GIS 与 AIS 的特点，提高了电气可靠性并降低了成本。本章还讨论了 GIS 的内部结构分类，包括三相共箱式、三相分箱式等。尽管制造成本高、密封性要求严格，但随着智能电网的发展，GIS 的应用领域也在不断扩展。

本章测试

1. GIS 设备有什么优、缺点？
2. GIS 设备的定义是什么？
3. GIS 设备按内部结构型式分，可分为哪几类，各自有什么特色？

第三章

GIS主要部件及原理

根据实际工程的需要，GIS 的组成元件、接线方式、布置形式和功能可能多种多样，但其基本结构一般由断路器、隔离开关、接地开关、母线、电流互感器、电压互感器、避雷器、出线连接元件等一次元件组合而成，同时还包括 SF_6 气体监控、带电显示、接地连接，以及由二次回路及其控制保护元件、测量仪表等组成的汇控柜。

图 3－1 展示了某公司 ZF28A－145kV 型 GIS 双母线间隔，下面分别对 GIS 主要设备进行简单分析。

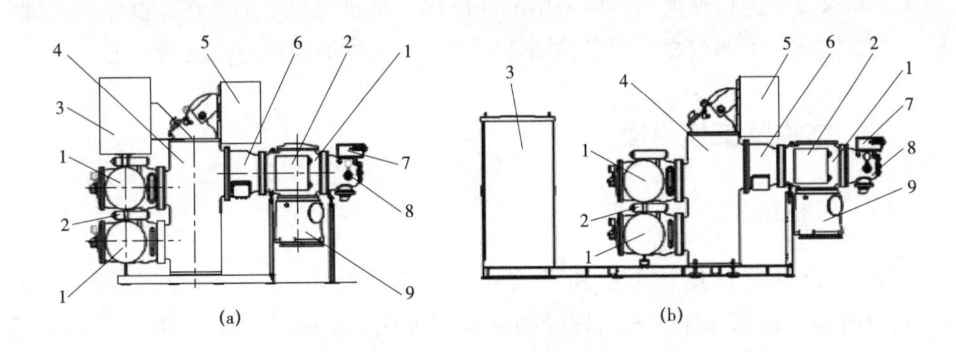

图 3－1　双母线间隔

（a）汇控柜一体柜；（b）汇控柜置于底架

1—三工位开关；2—电动操动机构；3—汇控柜；4—断路器；5—断路器弹簧操动机构；6—电流互感器；7—快速接地开关操动机构；8—快速接地开关；9—电缆终端

第一节　断路器

对于 GIS 断路器来说，其处于完全封闭的接地金属壳体内，其设计结构与 AIS 中使用的罐式 SF_6 断路器相同，由灭弧室、支撑绝缘件、机械传动杆件、壳体和操动机构等部分组成。GIS 断路器通过隔气的盆式绝缘子（外表为红色）、导体直接连接到相邻的 GIS 设备中，作为电流路径的组成部分。

一、主要用途

断路器的作用是对电力系统和设备进行控制与保护，既可切合空载线路和设备，也可合分和承载正常的负荷电流，能在规定的时间内承载、关合及开断规定的短路电流以使电网正常运行。尤其是在故障阶段，需要断路器快速切断故障并熄灭电弧，为了达到该目的，断路器采用弹簧操动机构、液压操动机构等，灭弧方式采用压气式、自能式、压气自能混合的自适应式等。同时断路器气室的 SF_6 气体压强比其他气室的压强（0.4～0.6MPa）高，其通常为 0.6～0.8MPa。

为了改善断路器多断口之间的均压性能，通常在断口上并联电容；为了降低触头之间恢复电压速度和防止出现振荡过电压，有时在断路器触头间加装合闸电阻。

断路器的分、合闸操作可以在不同位置进行，即就地操作、远方操作。对断路器进行正常分、合闸操作应在控制室进行远方操作，若无异常情况，禁止就地操作。如果需要进行就地操作应采用电动操作，尽量避免手动操作。操作后需要进行位置检查，可通过相关带电检测装置或分合闸指示查看是否正确变化。

二、结构及工作原理

（一）外观

GIS 用断路器根据外壳结构可以分为三相共箱式、三相分箱式结构，如图 3－2所示，根据布置方式可以分为立式或卧式，多断口一般采用卧式布置。

（二）灭弧室

灭弧室按断口数量可以分为单断口和多断口两种形式。单断口灭弧室结构简单，容易安装和维护，但是开断能力不足；多断口灭弧室开距减少，开断电压和电弧电压下降，开断能力显著提升，具有更高的安全性和可靠性，但是安装维护成本较高。灭弧室按触头运动方式可分为定开距式和变开距式。定开距断路器是在开合过程中弧触头之间相对静止且相对距离保持不变，在开断过程中通过动触头和压气缸之间的配合建立起熄弧压力，到达特定位置往弧隙间吹气，冷却电弧并带走热量给电弧进行去游离作用，相对冷的 SF_6 气流还有利于电弧电流过零后弧隙间介质绝缘强度的恢复，进而耐受住随之建立的恢复电压，来达到开断的目的。变开距指的是在开合过程中弧触头之间有设定好的相对运动，变开距灭弧室大致又分为压气式的和自能式的。压气式的开断能力强，但是需要大的操动机构来驱动，靠机械压缩来建立熄弧压力，所以操动机

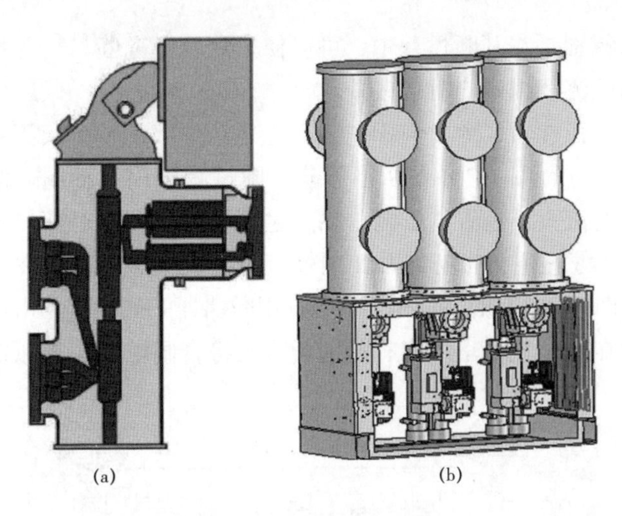

图 3－2　断路器外形图

（a）三相共箱式；（b）三相分箱式结构

构成本高。由于其强大的开断能力，在超高压、特高压及一些高要求的特殊应用上多采用压气式灭弧室。自能式的灭弧室在开断大电流时主要靠电弧能量来建立吹弧压力，所以需要的操作功小，这就为使用轻型弹簧操动机构提供了可能性，目前该灭弧原理的灭弧室主要应用于 252kV 及以下电压等级的断路器。如图 3－3 所示，在结构上，动、静触头用绝缘子联结成一个整体，降低了灭

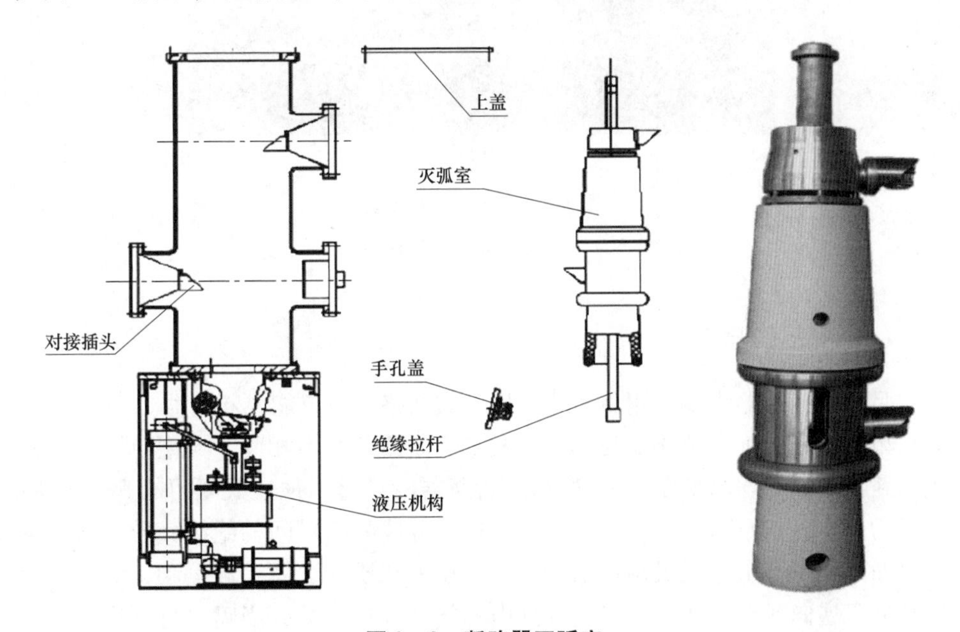

图 3－3　断路器灭弧室

弧室的高度。特别是在开断过程中，可以使热气流远离断口，并使冷热气体充分混合，因而气流场得到充分的改善。

为了提高灭弧能力，通常363kV及以上电压等级的GIS灭弧室需设置合闸电阻，如图3-4所示，主要在断路器分合闸过程中用以抑制合闸涌流、操作过电压，减少电流直流偏置的影响。除此之外，为了使每个断口承受的电压均匀，有时也是为了改善开断近区故障时恢复电压的上升速度，在每个断口上并联有电容量1000pF左右的并联电容。GIS用断路器一般将合闸电阻和并联电容与灭弧室设计在同一气室里，也有特别断路器将合闸电阻与灭弧室分为两个气室的。

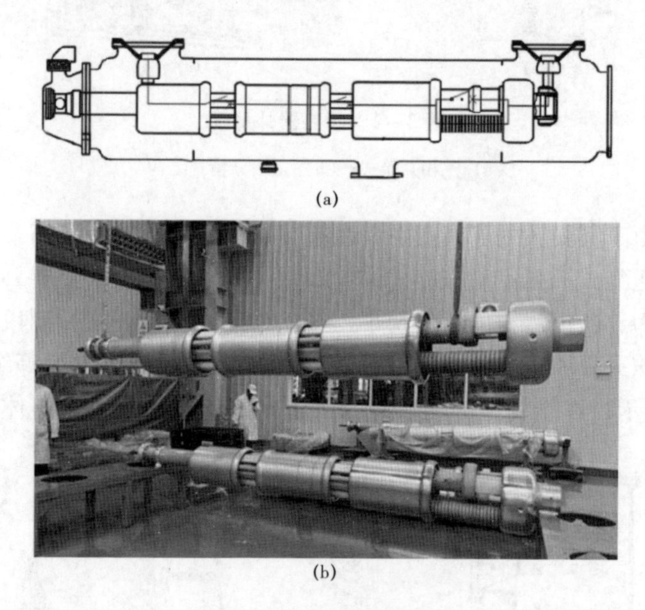

(a)

(b)

图3-4 断路器灭弧室

(a) 结构图；(b) 实物图

(三) 灭弧原理

目前，断路器主要采用单压式或压气式断路器或自能式断路器。

单压式或压气式断路器与单压缩式空气断路器基本相同，典型单压式变开距断路器灭弧原理图如图3-5所示。断路器内只有一种较低压力的 SF_6 气体，一般为0.5~0.6MPa，作为正常运行时高压对地和断口间的绝缘介质。断路器在分断过程中，由操动机构带动动触头、喷嘴和压气缸体一起运动，而压气活塞则处于逆向或静止状态，将压气缸内的气体快速压缩，当喷口打开后，压气缸内的高压气体进行双向吹弧，吹弧后的高压气体又变成低压气体继续使用。

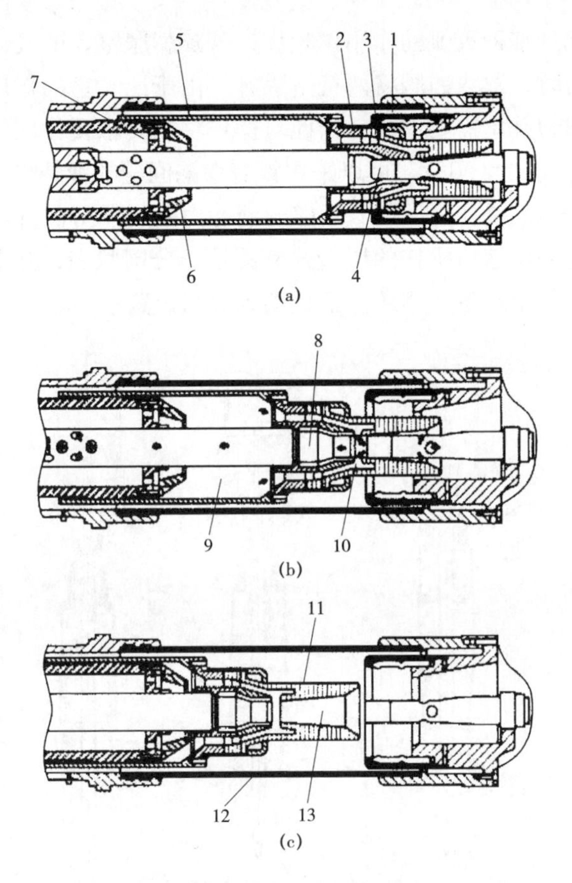

图 3-5　典型单压式变开距断路器灭弧原理图

(a) 合闸位置；(b) 开断中；(c) 分闸位置

1—主静触头；2—主动触头；3—电弧动触头；4—电弧静触头；5—活动气筒；6—固定活塞；7—单向阀；8—双侧流喷嘴；9—可压缩气体室；10—电弧；11—绝缘喷嘴；12—灭弧室罩管；13—灭弧室

单压式断路器需要液压机构、气动机构等大功率的操动机构在十几毫秒的时间内将压气缸内的 SF_6 气体压力从 0.5～0.6MPa 提升至 1.5～1.8MPa，存在漏油或漏气的可能。

自能式断路器的灭弧原理如图 3-6 所示。合闸状态时，静弧触头 1 与静主触头 2 并联到灭弧室的上部接线端子上，电流主要通过主触头流通。开断阶段，主触头先于弧触头分开，弧触头刚分瞬间，在动、静弧触头之间形成电弧。若开断大电流时，电弧使热膨胀室 5 中的气体加热，其压力迅速升高到足以熄灭电弧；当开断小电流时，热膨胀室 5 内气体压力不足以熄灭电弧，则需主要依靠辅助压气装置进行灭弧，即压气室 6 内的气体通过两室之间的双止回阀吹向电弧，起到辅助灭弧的作用。相反，若热膨胀室 5 的气体压力大于压气室 6 的气体压力时，双止回阀将两气室隔开。由于压气室的作用只是保证小电流的开断，其压力并不需要太高，因此对操作功的要求要比压气式的要求大大降低，大约为压气式的 30%，可以采用没有渗漏问题的弹簧操动机构。自能式断路器降低了分闸的操作力，但其短路开断能力受到限制，当开断电流为 50kA 及以上时仍需要采用液压机构的压气式断路器。分闸状态，当电弧熄灭后，动触头在操动机构的带动下，继续向下运动到分闸位置。

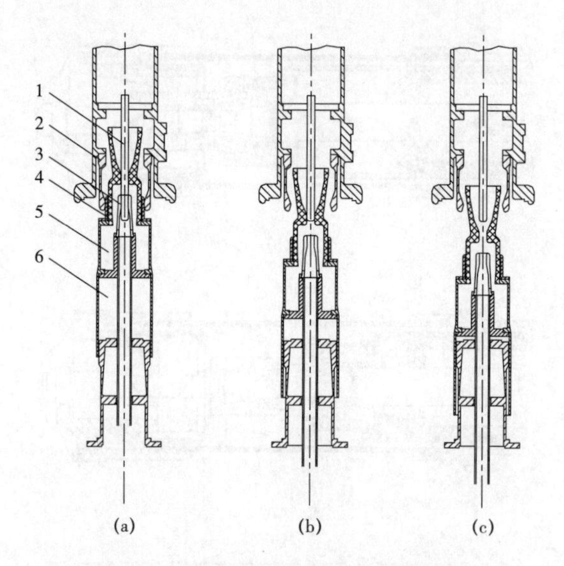

图 3-6　自能式断路器的灭弧原理图

（a）合闸位置；（b）中间位置；（c）分闸位置

1—静弧触头；2—静主触头；3—动弧触头；4—动主触头；5—热膨胀室；6—压气室

三、操动机构

操动机构是独立于断路器本体外的机械操动装置，能够有效地将其他形式的能量转换成机械能，使断路器实现准确的分、合闸操作。操动机构通常独立装设，因此同一型号的操动机械可以配用不同型号的断路器。常见的操动机构有弹簧操作结构、液压操动机构、液压碟簧机构等。

（一）操动机构的功能

断路器的全部使命最终体现在完成合、分闸，接通或切除电路上，而合、分闸又是通过操动机构来实现的。因此，操动机构的性能好坏，对高压断路器

工作性能和质量的好坏及可靠性起着极为重要的作用。对操动机构的主要功能要求如下：

1. 合闸

操动机构在实际工作条件下，应考虑到能源的电压（CD）、液压（CY）等在一定范围内变化时，必须有足够的能力来带动断路器可靠地关合正常电路和切除短路故障电路。标志操动机构能力大小的主要指标是其输出的机械功，即操作功。

2. 保持合闸

由于合闸过程中，合闸命令的持续时间很短且操动机构的操作力也只在短时间内提供，因此操动机构中必须有保持合闸的部分，以保证在合闸稳定位置。

3. 分闸

操动机构不仅要求电动（自动或遥控）分闸，在某种特殊情况下应该能在操动机构上进行手动分闸，而且要求断路器的分断速度与操作人员的动作快慢和下达命令的时间长短无关。

4. 自由脱扣

自由脱扣的含义是：断路器合闸过程中，如果操动机构又接到分闸命令，则操动机构不应继续执行合闸命令而应立即分闸。

5. 防跳跃

当断路器关合有短路故障的电路时，无论操动机构有无自由脱扣，断路器都应自动分闸。此时若合闸命令还未解除（如转换开关的手柄或继电器还未复位），则断路器分闸后将再次短路合闸，紧接着又会短路分闸。这样，有可能使断路器连续多次分、合短路电流，这一现象称为“跳跃”。防跳跃可以采用机械的或是电气的方法。上述的自由脱扣装置就是常用的防止跳跃的机械方法，不少操动机构中装设自由脱扣装置的目的主要就是防止跳跃。

6. 复位

断路器分闸后，操动机构中的各个部件应能自动地恢复到准备合闸的位置。

7. 连锁

为了保证操动机构的动作可靠，要求操动机构具有一定的连锁装置。常用的连锁装置如下：

（1）分合闸位置连锁。保证断路器在合闸位置时，操动机构不能再进行合闸操作；断路器在分闸位置时，操动机构不能再进行分闸操作。

（2）低气（液）压与高气（液）压连锁。当气体或液体压力低于或高于额定值时，操动机构不能进行分、合闸操作，一般用压力触点控制。

（3）弹簧操动机构中的位置连锁。弹簧储能达不到规定要求时，操动机构不能进行分闸操作，一般用行程开关触点控制。

（二）弹簧操动机构

弹簧操动机构是利用强力弹簧瞬间释放的能量来完成断路器合闸操作的，一般多用电动机对弹簧拉伸储能，但也可手动储能。这种操动机构分、合闸所需电源功率很小，因此对直流电源的容量要求大大降低，同时还可以实现在没有操作电源的情况下，手动储能后带负荷进行合闸操作，适应性强，是目前现场使用最广泛的一种操动机构。弹簧操动机构主要由储能机构、电气系统和机械系统组成。各部分主要包括以下内容。

（1）储能机构：储能电动机、传动机构、合闸弹簧和连锁装置等。

（2）电气系统：合闸线圈、分闸线圈、辅助开关、连锁开关和接线板等。

（3）机械系统：分、合闸机构和输出拐臂等。

电动储能式弹簧机构组成原理框图及 CT26 型弹簧操动机构简图分别如图 3－7 和图 3－8 所示。

弹簧操动机构配有交直流两用串激电动机，通过由棘轮、凸轮等组成的传动机构拉伸合闸弹簧储能。当弹簧拉伸到预定长度，行程开关动作，串接于电动机启动回路的动断触点切断电动机电源，储能完毕。当合闸线圈通电，闭锁合闸弹簧的掣子被释放，弹簧释放所储能量使断路器合闸，同时分闸弹簧也被储能，并利用连杆机构“死点”保持合闸状态。在断路器合闸结束时，弹簧缩回原位，行程开关复位，动断触点闭合接通电动机电源，电动机启动再次给弹簧储能，可供重合闸用，所以弹簧操动机构具有一次自动重合闸功能。当跳闸线圈通电，“死点”被解除，断路器在分闸弹簧作用下，主转轴沿着合闸时转动的相反方向转动，带动断路器跳闸。下面以 CT26 型弹簧操动机构为例，进

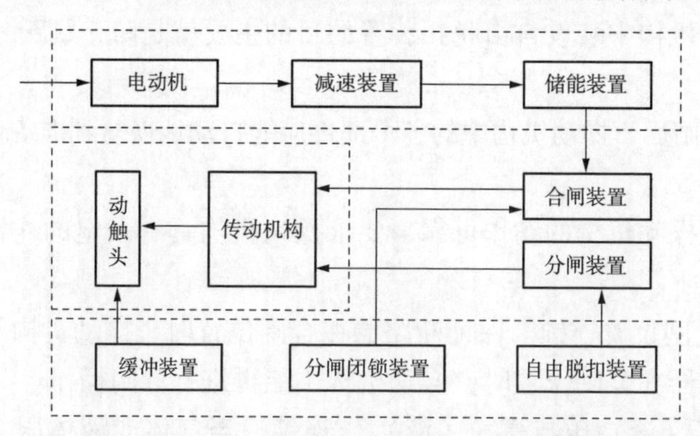

图 3－7　电动储能式弹簧机构组成原理框图

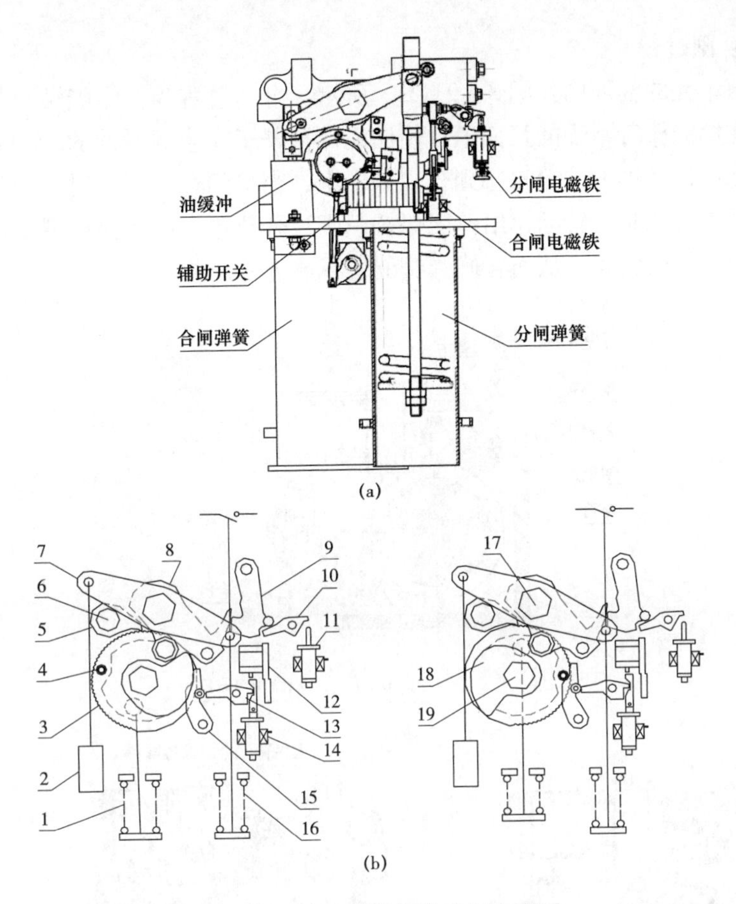

图 3－8　CT26 型弹簧操动机构简图

(a) 操动机构简图；(b) 零部件图

1—合闸弹簧；2—油缓冲；3—棘轮；4—储能保持销；5—棘爪；6—棘爪轴；7—输出拐臂；8—大拐臂；9—合闸保持掣子；10—分闸保持掣子；11—分闸电磁铁；12—机械防跳装置；13—合闸掣子；14—合闸电磁铁；15—储能保持掣子；16—分闸弹簧；17—输出轴；18—凸轮；19—储能轴

行简单介绍。

1. 储能过程

储能单元的剖面图如图 3－9（a）所示。储能过程为：电动机输出经伞齿轮副带动偏心轴转动，偏心轴推动双棘爪交替摆动，每推动一次棘轮转动一个棘齿，棘轮转动使合闸弹簧相连的拉杆转动从而拉起合闸弹簧储能，储能终了（弹簧过中后）棘轮上的圆弧面推开棘爪，并由棘爪保护掣子钩住，同时行程开关断开电机电源，滚轮与储能保持掣子扣接将能量保持住以备合闸，储能结束。

2. **合闸过程**

合闸单元的剖面图如图 3 -9（b）所示。合闸过程为：储能结束棘轮上的滚子扣在储能保持掣子的弧面上，使储能保持掣子产生顺时针的转动趋势，从而使储能保持掣子上的滚轮扣到合闸掣子上，当接到合闸指令时，合闸电磁铁推动合闸掣子逆时针转动，给储能保持掣子让开位置，储能保持掣子被棘轮上的滚子推开棘轮脱扣，从而合闸弹簧能量释放进行合闸。

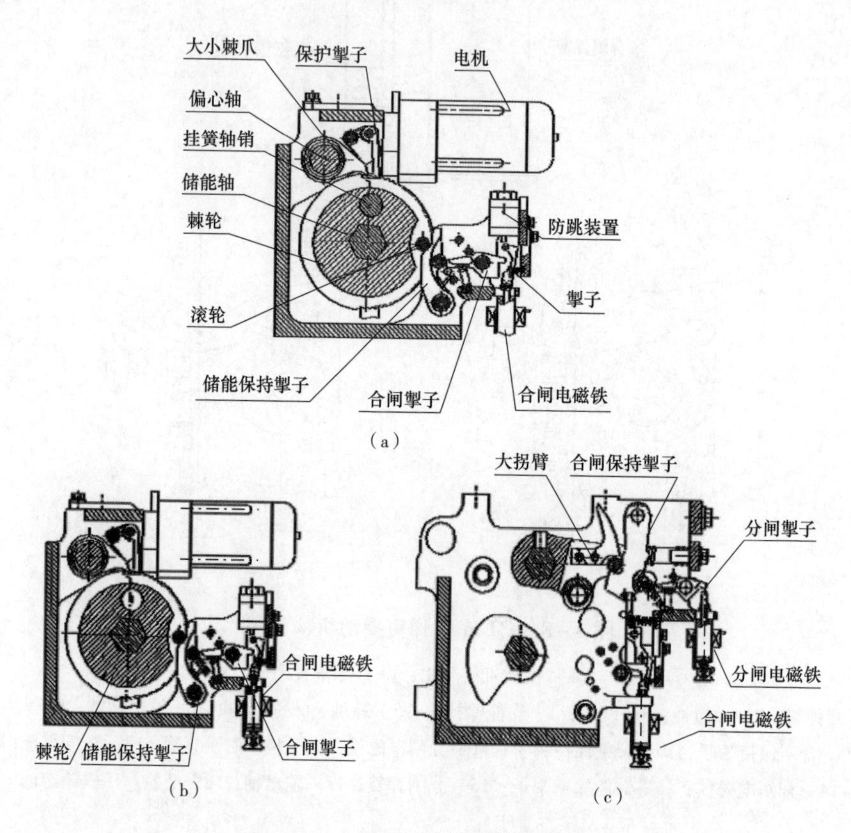

图 3 -9　CT26 型弹簧操动机构简图

（a）储能单元剖面图；（b）合闸控制单元剖面图；（c）分闸控制单剖面图

3. **分闸过程**

分闸单元的剖面图如图 3 -9（c）所示。分闸过程为：合闸后大拐臂上的扣接销扣到合闸保持掣子上，并使合闸保持掣子产生逆时针转动趋势，从而使合闸保持掣子上的滚轮扣到分闸掣子上，当接到分闸指令分闸电磁铁推动分闸掣子逆时针转动给合闸保持掣子让开位置，合闸保持掣子被大拐臂上的滚子推开而脱扣，分闸弹簧能量释放进行分闸。

结合上述分析，以CT系列的弹簧机构为例，给出合闸未储能、分闸未储能、合闸已储能、分闸已储能的状态图，如图3－10所示。

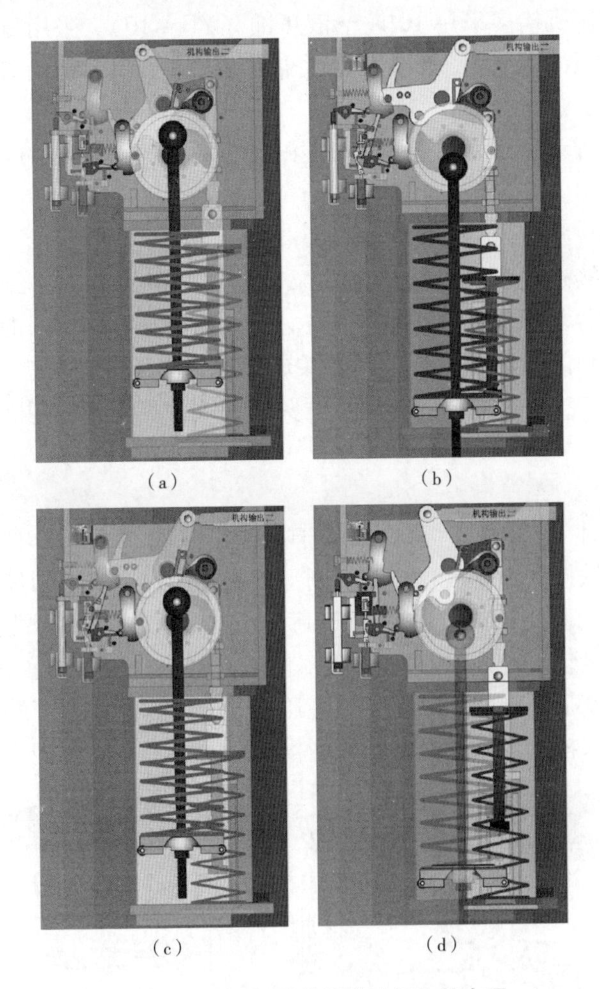

(a)　(b)　(c)　(d)

图3－10　CT26型弹簧操动机构状态图

(a) 分闸已储能状态；(b) 合闸未储能状态；(c) 合闸已储能状态；(d) 分闸未储能状态

(三) 液压操动机构

断路器的液压操动机构主要包括储能元件、控制元件、操作元件、辅助元件，具体如下：

(1) 储能元件：储能器、液压泵。

(2) 控制元件：阀系统。

(3) 操作元件：工作缸。

（4）辅助元件：压力继电器、安全阀、滤油器、放油阀、信号缸、油箱、排气阀、压力检测器、辅助储油器、分合闸线圈、加热器。

断路器液压机构多采用 10 航空液压油（YH－10）。采用氮气作为储能介质，氮气被液压油压缩后，体积变小并储存能量，在其膨胀时释放能量，对外做功。

图 3－11 所示为 CYT 液压操动机构，其工作原理如图 3－12 所示，下面简单对其进行介绍。

1. **储能**

电机回路接通电源，电机带动油泵转动，油箱的低压油经过过滤器、油泵，进入贮压器上部，压缩下部的氮气，形成高压油。贮压器的上部与工作缸活塞上部及控制阀、信号缸、油压开关相连通，高压油同时进入常高压区域。当油压达到额定工作压力值时，油压开关的相关接点断开，切断电机电源，完成储能过程。

2. **合闸**

分闸位置时，工作缸活塞上部处于高油压状态，活塞杆下部处于零压状态。合闸电磁铁接受命令后，打开合闸一级阀的阀口，高压油经一级阀进入二级阀阀杆左端空腔，使阀杆左端处于高油压状态，在阀杆两端油位差的作用下，推动阀杆运动，使阀杆移动到合闸位置，打开合闸阀口，封住分闸阀口。此时工作缸活塞下部与低压隔离，与高压连通。工作缸活塞下端的受力面积大于上端，对活塞杆产生一个向上的力，推动活塞向上运动实现合闸。合闸电磁

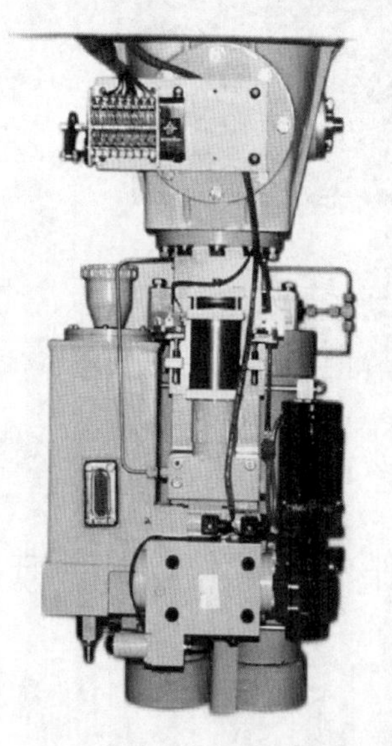

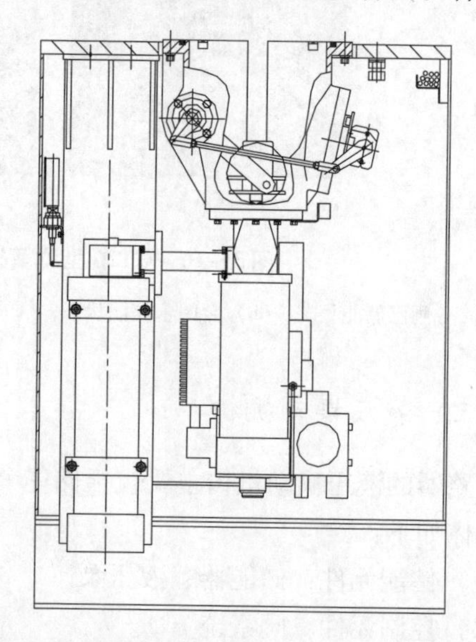

图 3－11　CYT 液压操动机构示意图

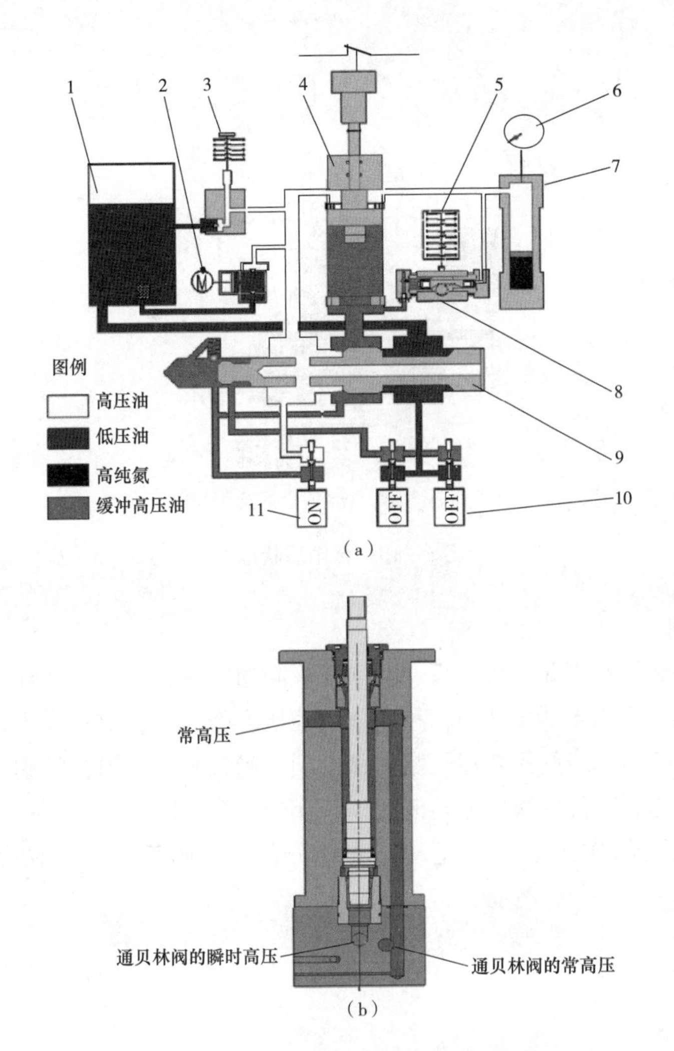

图 3－12　CYT 液压机构的工作原理图

（a）工作原理图；（b）工作缸剖面图

1—油箱；2—油泵电机；3—油压开关；4—工作缸；5—辅助开关；6—油压表；7—贮压器；8—信号缸；9—控制阀；10—分闸电磁铁；11—合闸电磁铁

铁断电后，合闸一级阀阀杆在复位弹簧的作用下复位，阀口关闭。此时二级阀阀杆左端仍为高压状态，其通过节流孔与高压油连通。所以合闸状态下，阀杆左端始终保持高油压状态，使阀芯仍然紧密封住分闸阀口，实现了合闸保持。合闸后状态如图 3－13 所示。

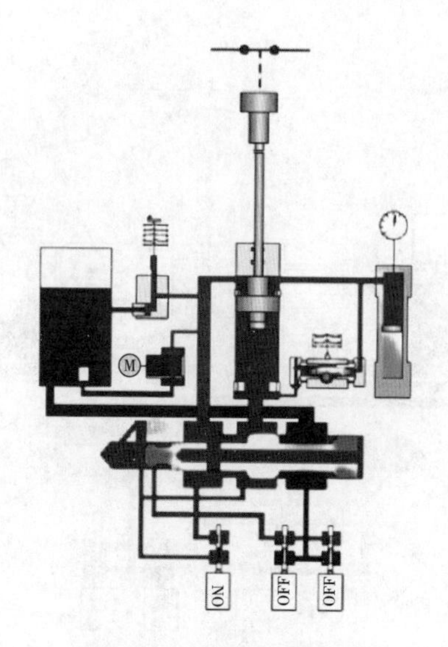

图 3-13　合闸后状态图

3. **分闸**

分闸电磁铁接受命令后，打开分闸一级阀的阀口，二级阀阀杆锥柄一端的油腔经分闸一级阀与低压油油箱相通，油腔压力降为零。此时液压系统作用在阀杆端的合力使二级阀阀芯在阀腔内移动到分闸位置，关闭合闸阀口，开启分闸阀口，工作缸下部的液压油与低压油箱相通，压力降为零。这样，工作缸活塞在上部油压的作用下向下运动，实现分闸。分闸后的状态图如图 3-14 所示。

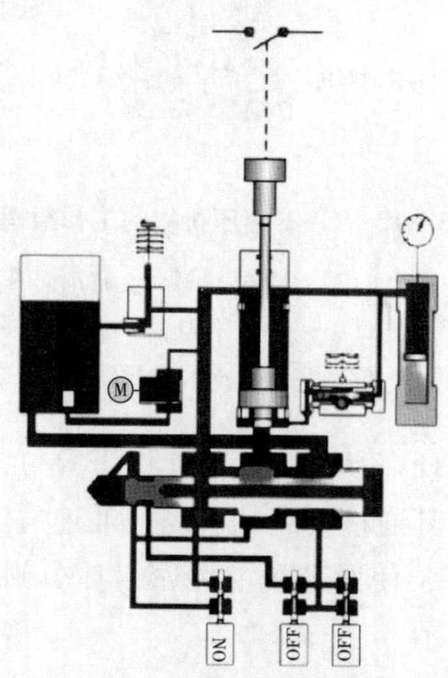

图 3-14　分闸后状态图

（四）液压碟簧机构

液压碟簧机构是一种新型设计的操动机构，它克服了传统液压机构效率低、易渗漏等缺点，将各主要功能部件集成化和模块化，使其具有高度通用性与互换性，并且没有管道能量损失，使机构效率达到了最大化，是一种真正具有超越性能、高可靠性的免维护操动机构。液压碟簧操动机构如图3－15所示。

（a）

（b）

图3－15 液压碟簧操动机构

（a）HMB－4.3型液压碟簧操动机构实物图；（b）HMB－4.3型液压碟簧操动机构组成部分

液压碟簧操动机构主要由工作模块（工作缸）、充压模块（电机、油泵）、储能模块（储能缸、组合碟簧）、控制模块（控制阀、信号缸或延时模块）、监测模块（行程开关、安全阀）、适配模块（辅助开关）六部分组成。储能时，充压模块向液压系统内充液压油，压缩储能模块使系统储能，当系统内达到额定油压时，充压模块电源关闭，储能完成。合闸操作或分闸操作时，控制模块释放储能模块的压缩能，并传递给工作模块，实现合闸操作或分闸操作。

液压碟簧操动机构的工作原理图如图 3－16 所示，图 3－17 展示了液压碟簧操动机构未储能状态、储能状态、合闸状态和分闸状态。

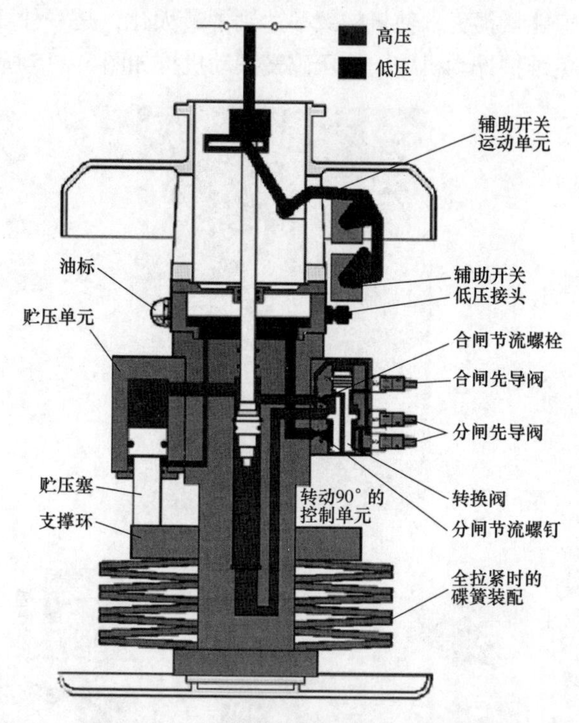

图 3－16　液压碟簧操动机构工作原理图

1. 储能状态

当油泵电机接通而储能时，三套完全相同的储能活塞同时向下压缩，迫使支撑环向下运动，使碟簧压缩而储能。结束后，在储能活塞上部油腔、工作缸活塞杆上部及二级换向阀下端均充以高压油。储能后的状态如图 3－17（b）所示。

2. 合闸状态

当合闸电磁阀动作，高压油进入二级差动阀上部，由于差动力作用而被迫下移，此时活塞下端与贮能活塞中高压油连通，在差动力作用下，活塞迅速向上带动断路器合闸，合闸后的状态如图 3－17（c）所示。合闸速度由进口节流孔调节。合闸结束时，活塞尾部的缓冲器将其降速至停止，如果二级差动上部小油腔有慢渗，这时活塞杆下部的高压油将通过小节流孔慢慢地予以补充，也就是说只要系统有压力存在，二级差动阀（活塞）上的液压保持力便使其维持在合闸位置。

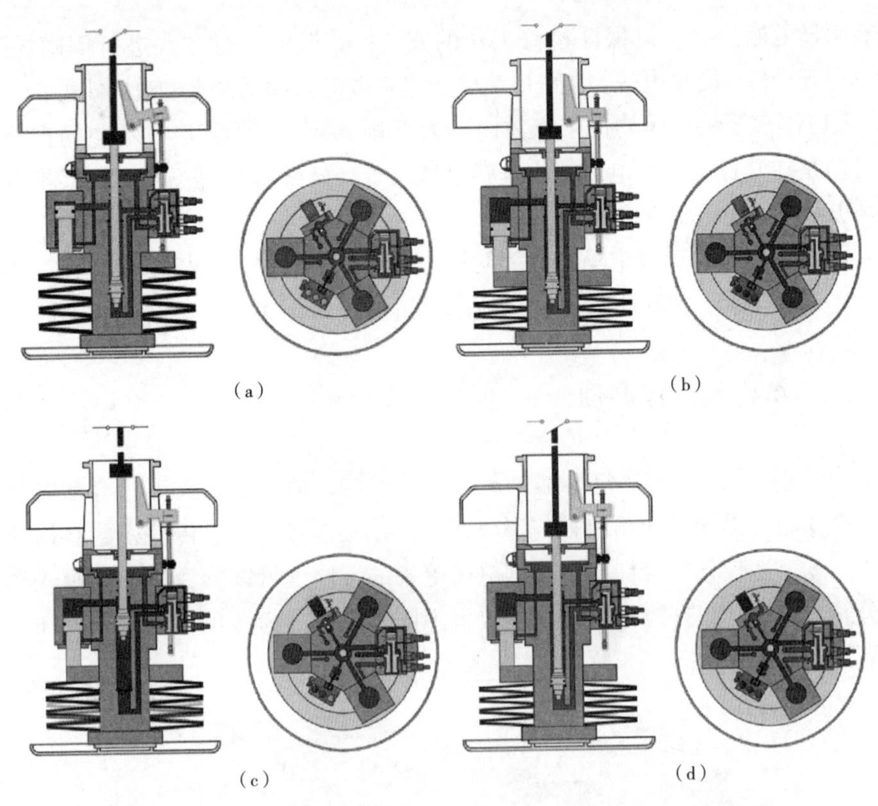

图3－17　液压碟簧机构状态图

(a) 未储能状态；(b) 储能状态；(c) 合闸状态；(d) 分闸状态

3. 分闸状态

当分闸电磁阀动作，则立即使二级差动阀（活塞）上部小油腔中高压油失压，于是差动阀立即向上运动，从而使活塞杆下端与低压贮油箱连通而失压，在活塞杆上端高压油作用下迅速分闸。它的速度由出口节流孔调节，分闸结束时，活塞杆尾部缓冲器起作用而降速至停止。同样，只要系统有压力存在，断路器就会保持在分闸位置，分闸后的状态如图3－17（d）所示。

第二节　隔离开关

一、主要用途

隔离开关的主要用途包括：①断开无负荷电流的电路，使所检修的设备与电源有明显的断开点，以保证检修工作的安全；②改变运行方式进行倒闸操作；③具有开合母线转换电流、充电电流（小电容电流）和感性小电流的能力。

GIS 隔离开关本体均位于壳体内，无灭弧装置，使得其应在无电情况下操作，但是在开合小电容电流、小电感电流或母线转移电流等场合时，能够保障隔离开关正常分、合闸操作。

在倒闸操作时，规定隔离开关的额定母线转换电流为 80% 额定电流，但不论额定电流多大，额定母线转换电流通常不超过 1600A。

二、结构及工作原理

GIS 用隔离开关主要包括本体及其操动机构，动、静触头等所有带电元件位于壳体内，操动机构输出轴与隔离开关操作轴连接，通过传动密封结构使动触头运动，实现分、合操作。根据电压等级的不同，可以分为三相共箱式和三相分箱式结构；根据隔离开关使用位置不同，可以分为转角型隔离开关和直线型隔离开关，如图 3－18 所示。

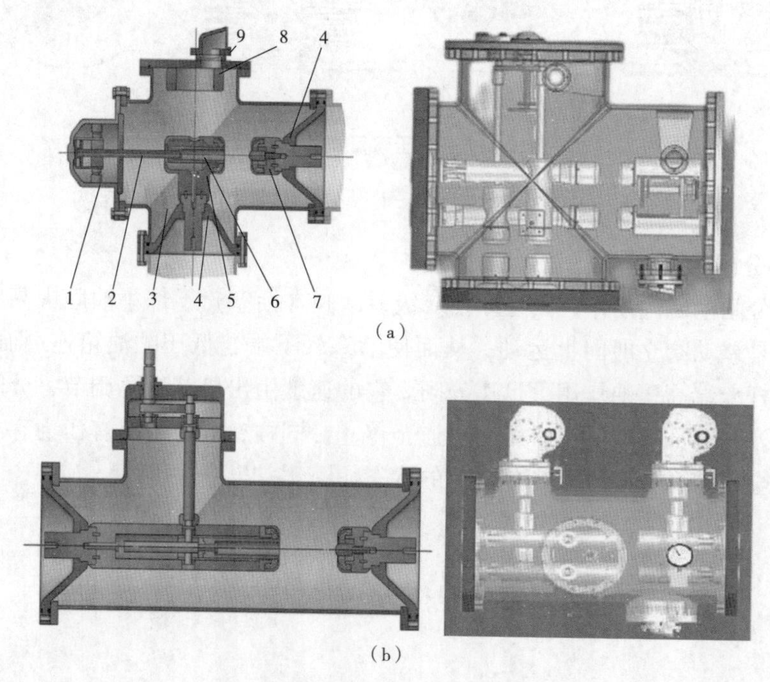

图 3－18　隔离开关内部结构图

（a）转角型隔离开关；（b）直线型隔离开关

1—隔离开关传动装配；2—绝缘拉杆；3—筒体；4—盆式绝缘子；5—中间触头；6—动触头；7—静触头；8—分子筛；9—防爆膜

隔离开关操动机构主要包括电机操动机构、电动弹簧操动机构和气动机构，如图3－19所示。通过齿轮、齿条传动带动动触头运动，从而使隔离开关的动触头沿其中心线做直线运动，实现分、合操作。一般均采用电动操作，优先选用交流电源，但也可以进行现场手动操作，它们的分闸或合闸操作均受断路器、隔离开关和接地开关之间的机械联锁和电气联锁的限制，以防发生误操作，手动操作和电动操作之间也要有联锁装置。

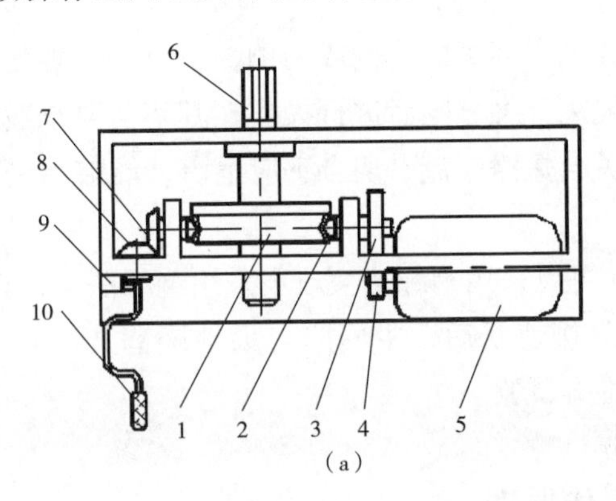

（a）

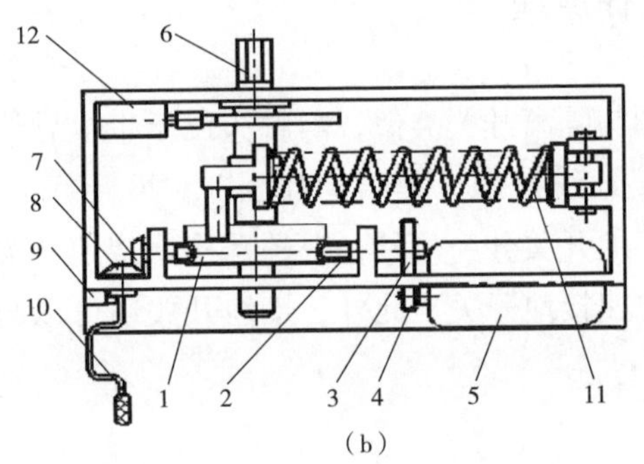

（b）

图3－19　隔离开关操动机构

（a）电动机构；（b）电动弹簧机构

1—蜗轮；2—蜗杆；3—大齿轮；4—小齿轮；5—电动机；6—输出轴；
7—大锥齿轮；8—小锥齿轮；9—电磁锁；10—手动摇把；
11—分合闸弹簧；12—缓冲器

由于GIS的结构特点，隔离开关在开合母线过程中容易引起操作过电压，通常被称为特快速稳态过电压（VFTO）。由于VFTO的振荡频率很高，到达峰值的时间很短，易对隔离开关、变压器、电压互感器、附件控制和保护设备造成危害。随着电压等级的提高，这种危害越来越大，为了抑制这种过电压，可以提高分合闸速度（2m/s左右比较合适），还可以增设消弧线圈、气吹装置、分合闸电阻等。

第三节 接地开关

一、主要用途

接地开关装配在隔离开关的一侧或两侧，也可以单独使用在母线上，在线路或母线停电后，隔离开关分闸后进行操作。其不需要承载负荷电流，在某些情况下，需要具有关合短路电流、切合感应电流，能够承受规定时间内的额定短路电流。

GIS 用接地开关可以采用绝缘法兰或不采用绝缘法兰，若具有绝缘法兰时，接地开关合闸，拆除接地线后，主回路与大地隔离，可以进行测量主回路电阻、断路器机械特性等试验。

二、结构及工作原理

接地开关的结构与隔离开关类似，静触头位于带电导体上，动触头的另一侧通过接地触头、接地线接地，其结构如图 3 – 20 所示。根据操动机构的不同，可以将 GIS 用接地开关分为两种，一种是检修接地开关，另一种是故障接地开关，通常称为快速接地开关。此外，接地开关还可以与隔离开关组合成三工位隔离接地开关。

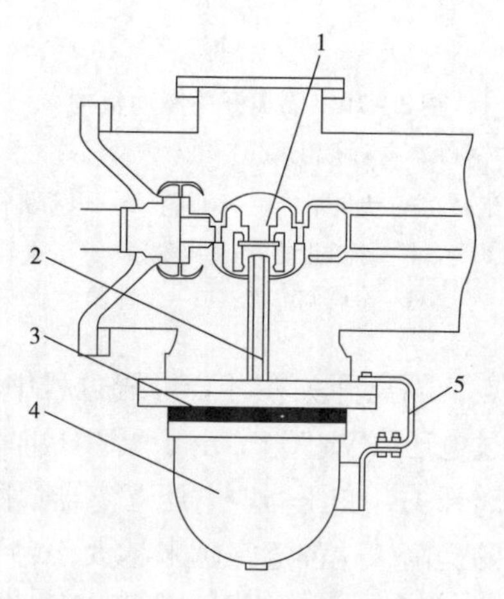

图 3 – 20　接地开关结构示意图

1—静触头；2—动触头；3—绝缘法兰；4—外壳；5—接地线

（一）快速接地开关

相比于检修时保护人员安全的检修接地开关，快速接地开关采用弹簧结构的操动机构，使得其除具有检修接地开关的功能外，还具有关合短路电流、切合线路电磁感应电流、静电感应电流的能力。弹簧机构的合闸时间通常为0.1～0.2s。快速接地开关结构示意图如图3－21所示。

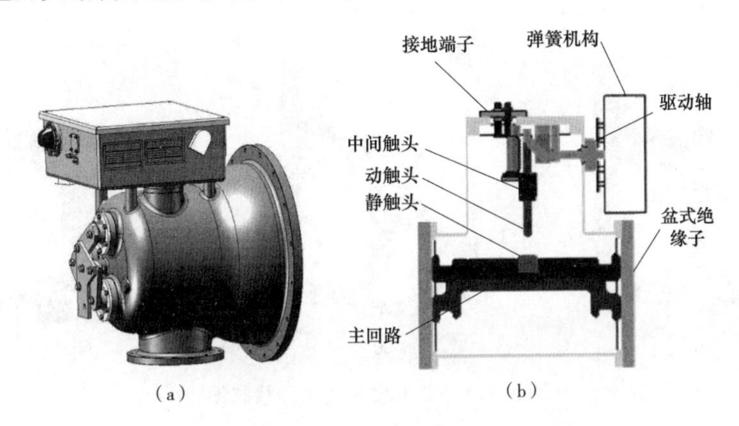

图3－21　快速接地开关结构示意图

（a）快速接地开关；（b）快速接地开关内部结构图

（二）三工位隔离接地开关

三工位隔离接地开关组合了隔离开关和接地开关，使用一个操动机构驱动，开关可处于合、分或接地位置。三工位隔离接地开关结构图如图3－22所示。其可以是角形、直线形布置，具有高度的机械可靠性，接地开关与隔离开关之间相互机械闭锁，其中的接地开关只能作为检修接地开关使用。

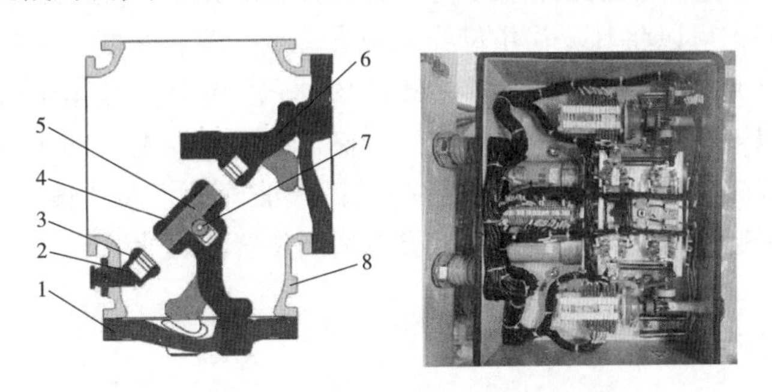

图3－22　三工位隔离接地开关结构图

1—盆式绝缘子；2—接地触头座；3—弹簧触头；4—动触头座；
5—动触头；6—隔离触头座；7—传动系统；8—外壳

三工位隔离接地开关工作时，通过操动机构中电动机正反转或两台电动机分别驱动的方式或手动方式，使得图 3－22 中的动触头沿着动触头座上下移动，进而接通接地触头座或隔离触头座。三种工作状态如图 3－23 所示，这种特殊的设计，也可以实现机械结构上的闭锁，即三种工作状态不能任意两者之间直接转换，例如“隔离开关合、接地开关分”只能先转换到“隔离开关分、接地开关分”，而不能直接转换到“隔离开关分、接地开关合”。

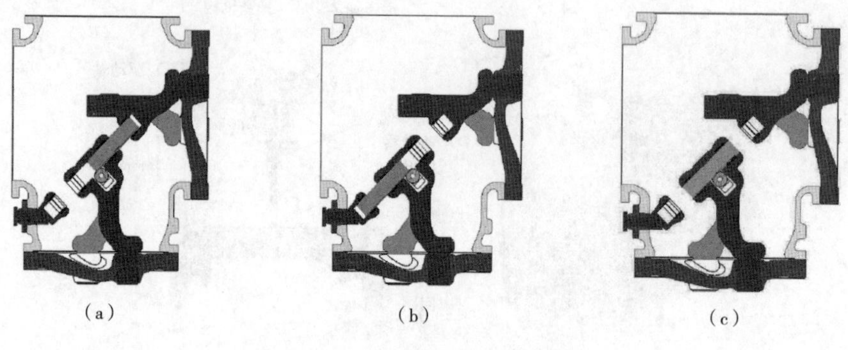

图 3－23　三工位开关工作状态图

(a) 隔离开关合、接地开关分；(b) 隔离开关分、接地开关合；(c) 隔离开关分、接地开关分

第四节　母线

一、主要用途

GIS 母线将各个功能元件连接到一起，具有汇集和分配电能的作用。根据所处位置不同，可以将其分为主母线和分支母线。前者主要用来作为 GIS 各间隔之间的连接元件，后者用于连接 GIS 的各种开关元件，承担电流的送出或送入。母线可以连续通过额定电流并能耐受额定短时耐受电流和额定峰值耐受电流。当主母线较长时，为了补偿温差导致的热胀冷缩、尺寸偏差、基础沉降、振动等因素引起的母线外壳变形，需要在适当位置加装伸缩节。

二、结构

根据电压等级的不同，可以将 GIS 母线分为三相共箱式、三相分箱式。三相共箱式的三相导体在壳体内呈三角形结构，由盆式绝缘子或支持绝缘子支撑导体，导体之间的过渡采用插接式结构，插入触头多采用弹簧触头、表带触头、梅花触头等结构形式，插接式结构能够补偿导体组装的尺寸偏差及热胀冷缩变形。

目前，72.5～126kV GIS 主母线和分支母线大多采用三相共箱式结构；252～363kV GIS 的主母线一般采用三相共箱式结构，分支母线均采用三相分箱式结构；550kV 及以上电压等级 GIS 的主母线和分支母线全部采用三相分箱式结构。

三相共箱式母线结构示意图如图 3－24 所示，分箱式单相母线结构示意图如图 3－25 所示。

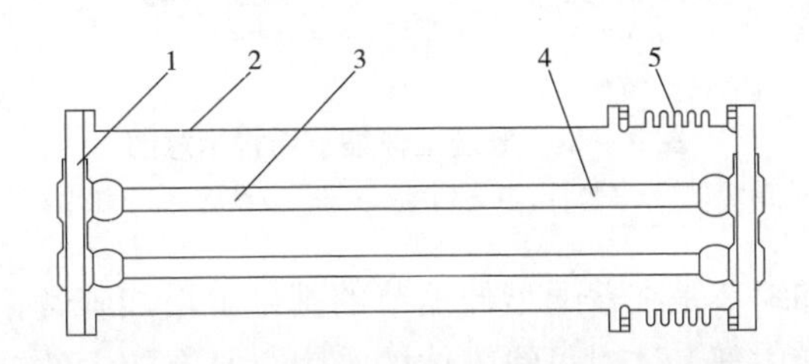

图 3－24　三相共箱式母线结构示意图

1—绝缘子；2—外壳；3—导体：4—触头；5—伸缩节

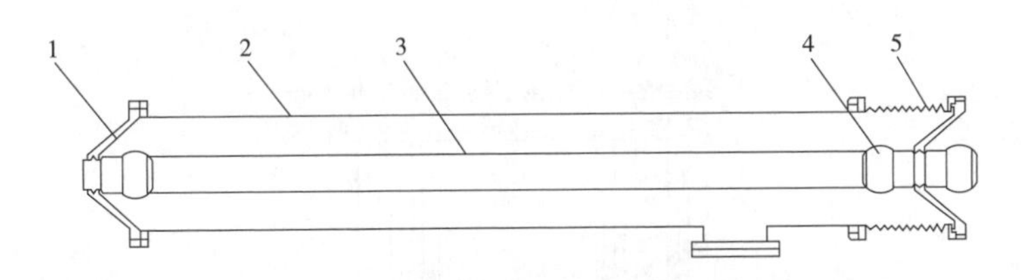

图 3－25　分箱式单相母线结构示意图

1—绝缘子；2—外壳；3—导体；4—触头；5—伸缩节

三、伸缩节

伸缩节是利用波纹管的弹性形变补偿温差导致的热胀冷缩、尺寸偏差、基础沉降、振动等引起的 GIS 母线尺寸的变化，主要由波纹管、法兰、拉杆、螺母、金属短接板、刻度尺等构成。根据在 GIS 中的作用不同，分为普通型伸缩节、碟簧平衡型伸缩节、自平衡型伸缩节和径向补偿型伸缩节等。后三种伸缩节目前只用于 550kV 以上 GIS 产品中。

普通型伸缩节在轴向和径向均具有一定的补偿作用，但补偿量很小，通常被用于补偿安装尺寸偏差、环境温度变化不大的工况下 GIS 壳体的形变。其结构示意图如图 3－26 所示。

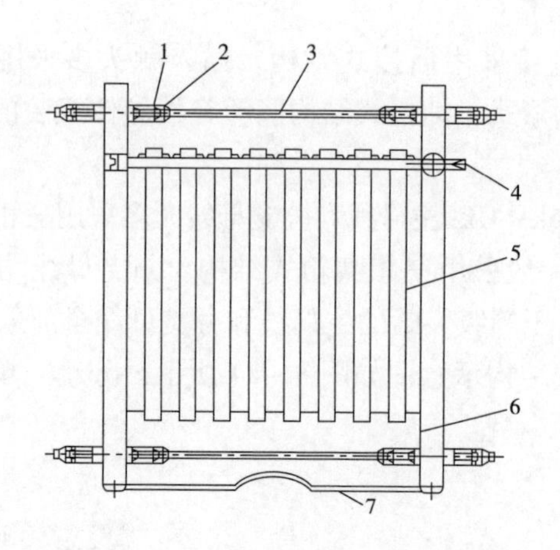

图 3－26 普通型伸缩节结构示意图

1—螺母；2—薄螺母；3—拉杆；4—刻度尺；5—波纹管；6—法兰；7—接地连线

碟簧平衡型伸缩节是在普通型伸缩节的基础上增加碟簧，根据其预压缩所产生的作用力平衡内部气体对母线壳体的推力，具有较大的轴向补偿作用，用于环境温度变化较大、母线较长的 GIS 设备中。其结构示意图如图 3－27 所示。

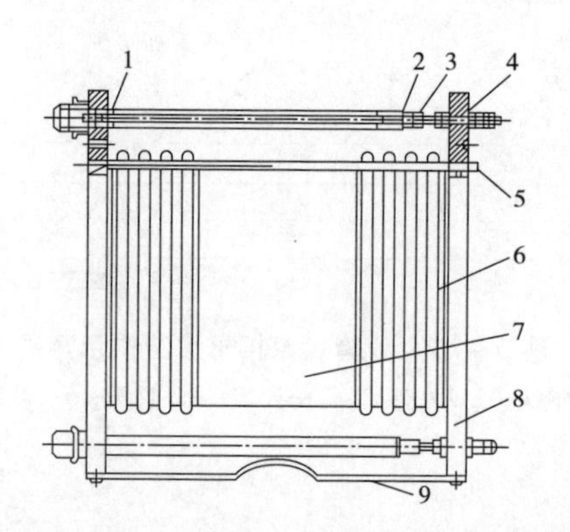

图 3－27 碟簧平衡型伸缩节结构示意图

1—碟簧组；2—螺母；3—薄螺母；4—拉杆；5—刻度尺；
6—波纹管；7—接管；8—法兰；9—接地连线

自平衡型伸缩节由多个不同型号的波纹管组成，进而平衡内部气体压力和壳体机械应力，其作用与碟簧平衡型伸缩节相同。其结构示意图如图 3－28 所示。

径向补偿型伸缩节利用两个普通伸缩节和中间壳体相配合，实现较大的径向补偿。在实际工程应用中，径向补偿型伸缩节与母线壳体轴向呈垂直布置，且由两组径向补偿型伸缩节相配合，其结构示意图如图 3－29 所示。

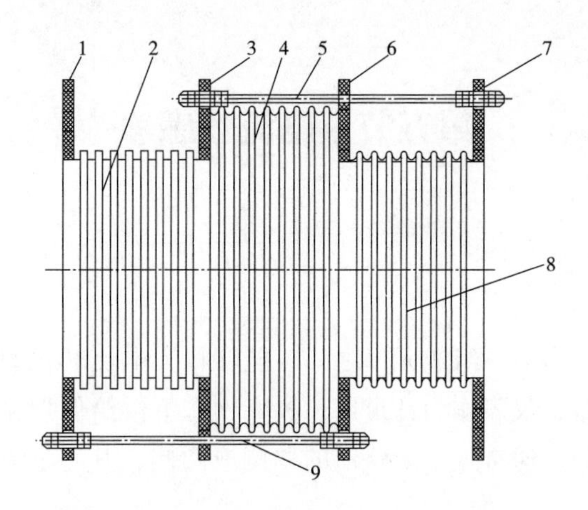

图 3-28 自平衡型伸缩节结构示意图

1—法兰 A；2—波纹管 A；3—法兰 B；4—波纹管 B；5—拉杆 A；
6—法兰 C；7—法兰 D；8—波纹管 C；9—拉杆 B

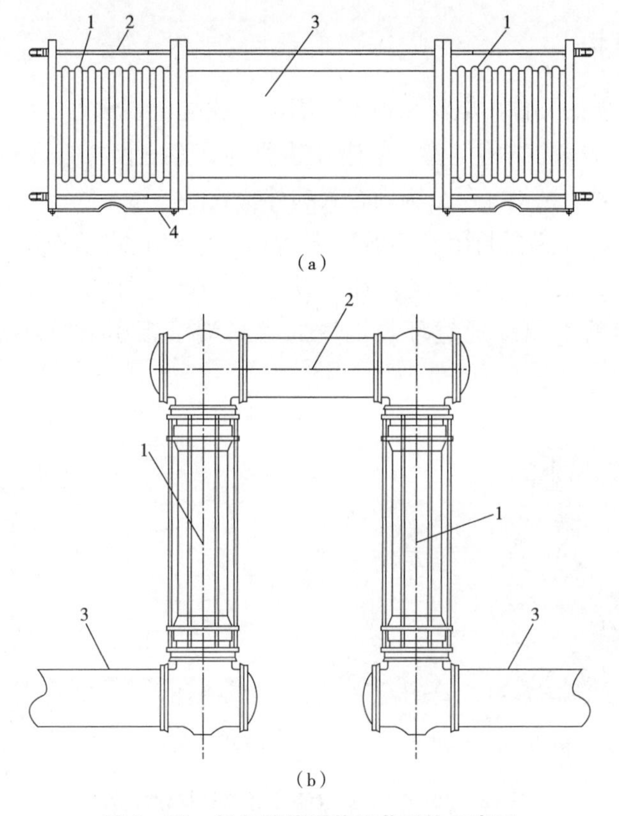

图 3-29 径向补偿型伸缩节结构示意图

（a）径向补偿型伸缩节结构示意图；（b）工程布置示意图
1—普通型伸缩节；2—拉杆；3—壳体；4—接地连线

第五节　电流互感器

一、主要用途

电流互感器作为 GIS 组成元件之一，能够将大电流转化为小电流，正常状态下供给测量仪器、仪表作为计量用，故障状态下供给保护和控制装置电流信息对系统进行保护。通常置于断路器的单侧或两侧，其测量级、保护级因准确度不同而分开。

二、结构及工作原理

（一）结构

电流互感器的元件由电流互感器线圈、接线端子、法兰、导体和外壳等组成。根据分支母线的结构类型，电流互感器可分为三相共箱式和三相分箱式；根据电流互感器的结构，可分为内置式和外置式。

内置式电流互感器封闭在 GIS 外壳内，采用穿心式结构，主回路导电杆作为一次绕组，二次绕组缠绕在环形铁芯上。导电杆与二次绕组间有屏蔽筒，二次绕组的引出线通过环氧浇注的密封端子板引到外部，如图 3－30 所示。

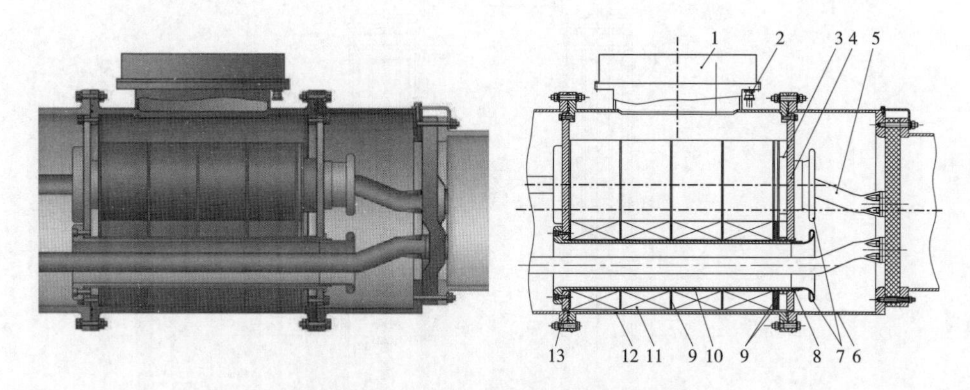

图 3－30　内置式电流互感器结构示意图

1—接线盒；2—管接头；3—圆筒；4—圆板；5—导电杆；6—壳体；7—屏蔽罩；8—绝缘套；9—绝缘垫圈；10—屏蔽筒；11—线圈；12—壳体；13—圆板

相比内置式，外置式电流互感器的环形铁芯线圈在 GIS 外壳的外部，铁芯和绕组都套在接地的外壳上。因这种同轴结构气室的电场分布均匀，加之 SF_6 气体具有良好的绝缘性能，有些生产厂家在该处采用缩小气室直径的结构，以减少外置式电流互感器铁芯尺寸，铁芯和外壳间装有绝缘板，防止环流在铁芯内流过。其结构示意图如图 3－31 所示。

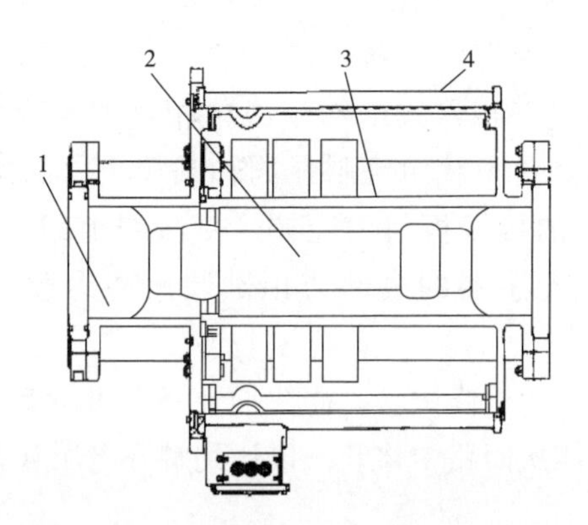

图 3－31　外置式电流互感器结构示意图

1—盆式绝缘子；2— 一次导体；3—绝缘挡板；4—外壳

（二）工作原理

电流互感器为电磁式。当一次绕组（导电杆）通过电流时，将在二次绕组的环形铁芯中感应出电流。二次电流与一次电流成正比，一、二次电流之比与一、二次绕组匝数之比成反比。

电流互感器二次侧不能开路。

第六节　电压互感器

一、主要用途

与电流互感器类似，电压互感器是将高电压转换为低电压，进而用于计量和保护。

二、结构及工作原理

（一）结构

电压互感器可分为三相共箱式、三相分箱式，采用 SF_6 气体绝缘，并处于一个独立的气室内。由壳体、盆式绝缘子、一次绕组、二次绕组、铁芯等组成。电压互感器通过三相盆式绝缘子或单相盆式绝缘子、过渡法兰与 GIS 本体相连，二次绕组和一次绕组绕制在同轴圆筒上，二次绕组端子和一次绕组的 N 端经环氧浇注的接线板引出壳体。一次绕组的 A、B、C 端和高压电极相连。一般在电压互感器的底部或顶部装有防爆膜。其结构如图 3－32 所示。

为了便于现场耐压和检修试验，往往加装一个可拆卸导体的气室，通过安装检修手孔可以将导体从回路中移开，以达到解开电压互感器的目的。

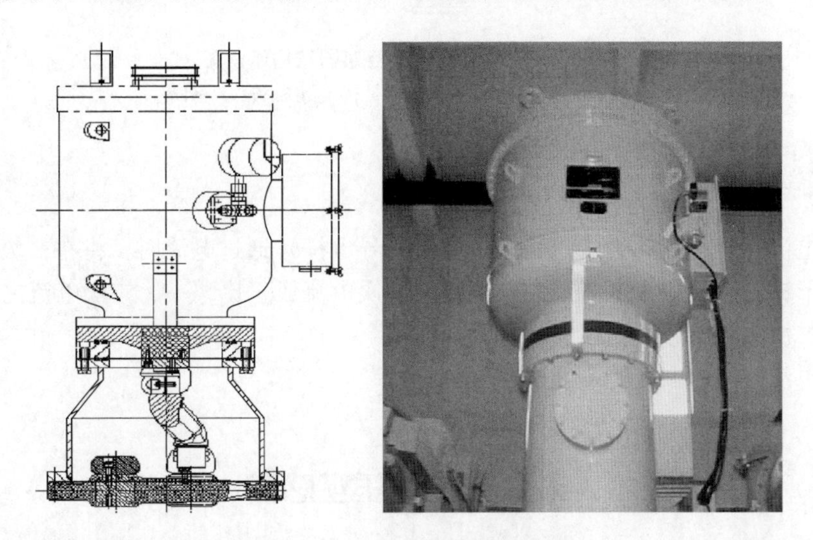

图 3－32　电压互感器结构示意图

（二）工作原理

GIS 用电压互感器目前主要为电磁式，一次侧并联在主回路中，绕组匝数多，二次绕组匝数少。正常运行时，电压互感器接近于空载运行，一、二次电压之比与一、二次绕组匝数之比成正比。

电压互感器二次侧不能短路。

第七节　金属氧化物避雷器

一、结构特点

GIS用金属氧化物避雷器（以下简称“避雷器”）防止来自架空线雷电冲击电压的过电压、操作过电压及隔离开关或接地开关引起的快速暂态过电压对设备的损害。小型化、更好的高频瞬态响应和直接与母线连接是避雷器的主要优点。

GIS用避雷器为罐式封闭结构，如图3－33所示，主要由罐体、盆式绝缘子、安装底座及芯体等部分组成。芯体是由氧化锌电阻片作为主要元件，它具有良好的伏安特性和较大的通流容量。罐内充有一定压力的SF_6气体，具有更好的绝缘性能。

罐式避雷器安装有压力释放装置，其作用是当罐体内部的压力超过规定值时，释放罐体内部的压力。在避雷器附属箱上部安装着放电计数器，可在运行中记录避雷器的动作次数。

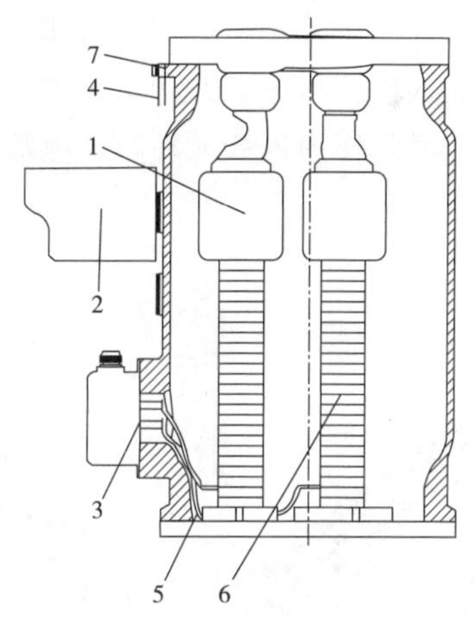

图3－33　避雷器内部结构

1—均压罩；2—在线监测装置；3—绝缘子；4—接地导体；5—导线；6—非线性电阻片；7—接地端子

二、工作原理

正常情况下，氧化锌电阻片呈现极高的电阻，流过避雷器的电流仅微安级；当系统出现暂态过电压、操作过电压等异常状态时，氧化锌电阻片呈现低电阻，吸收过电压能量，使得避雷器的残压被限制在允许值以下，保障设备安全可靠运行。

第八节　进出线连接元件

GIS 与外部连接主要有三种方式，即套管进出线、电缆终端进出线、与变压器油气套管的直接连接进出线。

一、套管

GIS 用的套管可以是瓷质空心绝缘子，或者是复合空心绝缘子，称为 SF_6 -空气套管，这也是使用最多的 GIS 进出线方式，如图 3-34 所示。架空线进出线通过接线端子分别与三相套管相连，套管内部充入一定压力的 SF_6 气体，三相导体插入梅花触头，并固定于盆式绝缘子上，再与 GIS 本体相连接。

当套管作为进线元件时，电流通过架空线依次流过套管接线端子、套管中

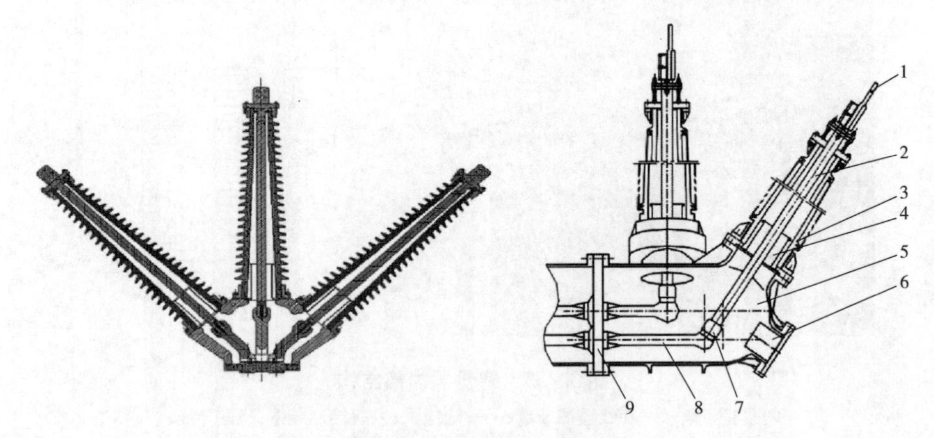

图 3-34　SF_6 -空气套管

1—接线端子；2—导电杆；3—瓷套；4—屏蔽环；5—连接筒；6—分子筛；7—梅花触头；8—三相导体；9—盆式绝缘子

心导体、梅花触头、三相导体、盆式绝缘子后进入 GIS 本体，按照 GIS 的一次主接线，通过线路隔离开关、电流互感器、断路器、母线隔离开关等构成的分支母线流向主母线，汇流后再流向其他间隔。

当套管作为出线元件时，电流流向与作为进线元件的电流流向相反，通过架空线将电流流入变压器或对侧变电站对应进线间隔。

二、电缆终端

电缆终端作为 GIS 的一种进出线元件，用于将交联聚乙烯电力电缆终端与 GIS 导体进行机械连接，其主要在 126kV 及以下的 GIS 中使用，示意图如图 3－35 所示。GIS 导体通过盆式绝缘子、可拆卸导体、电缆终端等元件实现连接。为了方便 GIS 与电缆的试验和检修，GIS 与电缆的连接处设计有可拆卸的过渡连接，通过拆除可拆卸的导体，实现 GIS 和电缆两部分的相互隔离。

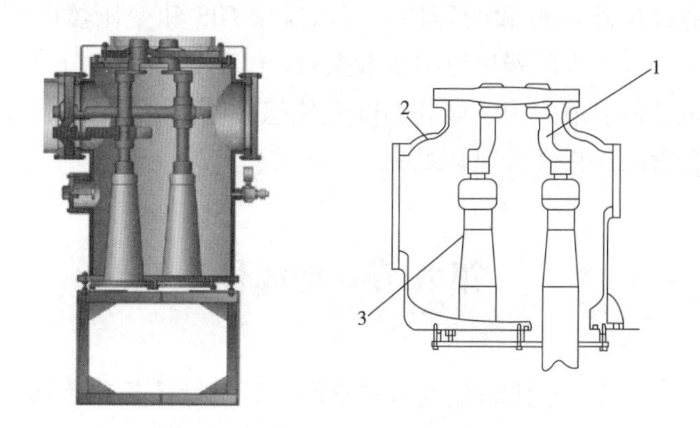

图 3－35　三相电缆终端结构示意图

1—可拆卸导体；2—外壳；3—电缆头

三、油气套管

油气套管作为 GIS 与变压器电气和机械直接连接时所采用的方式，也称为油－SF_6 气体套管。其结构是通过一端浸在变压器的油中，另一端与处于 GIS 的 SF_6 绝缘气体中的完全浸入式套管进行连接。油气套管结构示意图如图 3－36 所示。

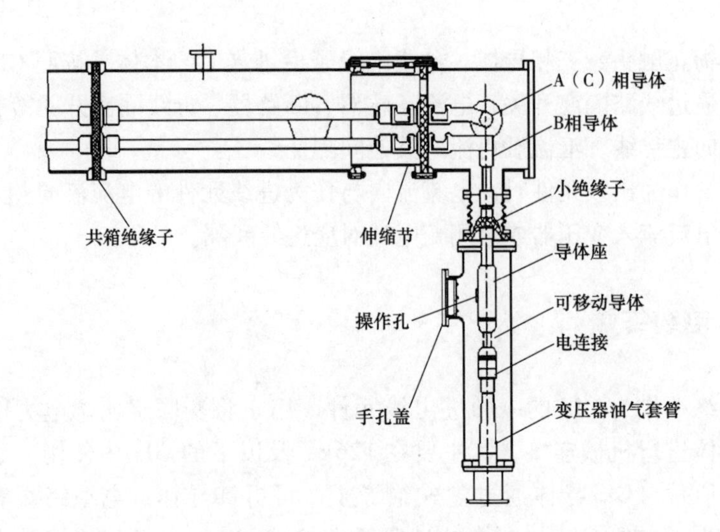

图 3－36　油气套管结构示意图

为了便于 GIS 与变压器的试验和检修，油气套管的连接处设计有可拆卸的过渡连接，通过拆除可拆卸的导体，可以实现 GIS 和变压器两部分的相互隔离。另外，为了减小变压器运行中的谐振对 GIS 的影响，在分支母线与油气套管之间还加装了伸缩节。为了防止 GIS 壳体感应电流汇至变压器，GIS 外壳与变压器油气套管的连接部分应该绝缘。

第九节　绝缘件

GIS 所用的绝缘件包括隔板或盆式绝缘子、绝缘拉杆或绝缘棒、支持绝缘子或支撑绝缘筒等，是保证 GIS 内部绝缘性能和机械性能的关键电气部件。

一、盆式绝缘子

盆式绝缘子是 GIS 中主要的绝缘件之一，由中心嵌件（导体）、环氧浇注件（环氧树脂固化体）及金属法兰组成，起到将接地壳体与内部高电压、大电流的金属导体间绝缘、支撑导体、不同气室之间隔离的作用。从结构上可以将其分为带金属法兰绝缘子和不带金属法兰绝缘子，从功能上可以分为通盆盆式绝缘子和不通盆盆式绝缘子，如图 3－37 所示。

由于盆式绝缘子需要承受内部导体重量、运动部位的作用力、运行或短路时的电动力、相邻隔室之间的压力差，因此盆式绝缘子不仅应满足绝缘性能，

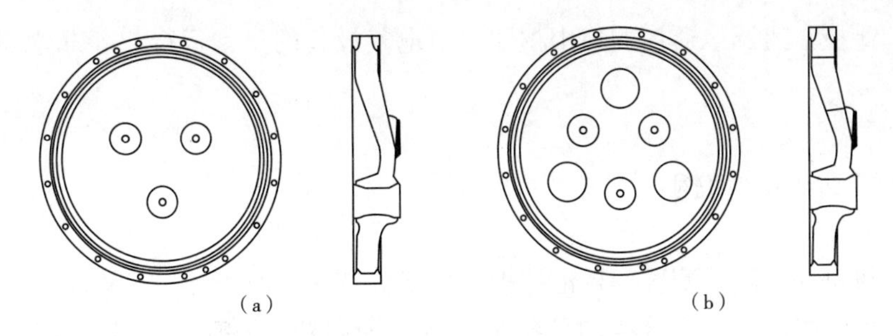

图 3－37　盆式绝缘子

(a) 不通盆盆式绝缘子；(b) 通盆式盆式绝缘子

还要具有一定的机械强度。随着智能化的发展，盆式绝缘子内部可以嵌入传感器，以达到带电检测目的。

二、相间绝缘子

在 GIS 三相共箱式结构中，隔离－接地三工位开关各相间需安装绝缘子，以达到同轴传动、绝缘的目的，如图 3－38 所示。

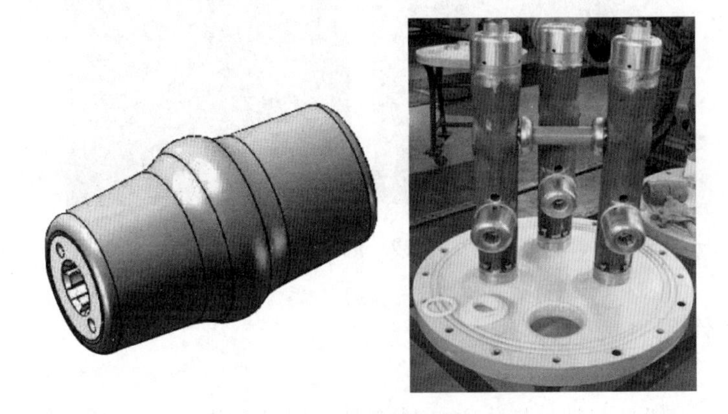

图 3－38　相间绝缘子

第十节　汇控柜

汇控柜是对 GIS 进行现场监视与控制的集中控制屏，是连接 GIS 间隔内、外各元件以进行电气联络的中继枢纽，也是对 GIS 设备进行现场控制、监视及遥测、遥控、遥调、遥信的集中枢纽，对电气设备的正常运行起着非常重要的作用。

一、外形及结构

一般每一个间隔配置一台汇控柜，外形如图 3 – 39 所示。柜内清晰明显地展示了该间隔的一次主接线图、各个设备（断路器、隔离 – 接地三工位开关、快速接地开关）的就地操作控制开关及对应的信号指示灯，还包括断路器的计数器、汇控柜的温湿度控制器、设备操作编码锁、各类控制电源小空开等辅助设备。

除此之外，合并单元、智能终端、电能表等设备可以就地展示对应间隔的状态信息、报警信息及状态检测结果。

图 3 – 39　汇控柜外形

二、作用

汇控柜一般具有就地操作、信号传输、保护和中继、对 GIS 各间隔气室进行监视等功能，主要功能如下：

（1）对间隔内一次设备如断路器、隔离开关、接地开关等设备实施就地/远方选择操作，即可以在控制柜上实现对上述一次设备进行就地操作。正常运行时可改为远方操作。

（2）监视间隔内所有设备的分合闸位置状态。

（3）监视各气室 SF_6 气体密度是否处于正常状态。

（4）监视断路器操动机构的储能状态。

（5）监视控制回路电源是否正常。

（6）显示 GIS 一次电气设备的主接线形式及运行状态。

（7）实现 GIS 本间隔内各开关设备之间的电气联锁及间隔与间隔之间的电气联锁。

（8）测量 GIS 设备机构箱及端子箱内的温湿度并自动投入加热除湿装置。

（9）作为 GIS 各元件间及 GIS 与主控室之间控制、信号的中继端子箱，接收和发送信号。

本章小结

本章主要介绍了气体绝缘开关设备（GIS）的基本结构和主要部件。GIS 由断路器、隔离开关、接地开关、母线等一次元件，以及 SF_6气体监控、测量仪表等二次设备组成。断路器负责控制和保护电力系统，采用弹簧或液压操动机构，具备快速切断故障的功能。隔离开关用于断开无负荷电流的电路，保障检修安全。接地开关则用于停电后的接地操作。母线负责电能的汇集和分配。此外，文中还提及了电流和电压互感器、避雷器、进出线连接元件以及绝缘件的作用和重要性，以及作为 GIS 的集中控制屏，汇控柜在对现场监视与控制中起到的重要作用。

本章测试

1. 为什么断路器的分、合闸控制回路一定要串联辅助开关触点？
2. 为什么对 SF_6断路器必须严格监督和控制气体的含水量？
3. SF_6高压断路器检修如何分类？分别包括哪些项目？

第四章

GIS设备的安装、验收及其相关试验

第一节　GIS 设备安装

GIS 设备的安装大致可以分为以下阶段：设备就位，不同间隔间对接、间隔和母线对接、母线间对接，出线套管安装，附件安装与设备接地，气体处理及充气，二次部分安装。

设备现场安装的质量，将直接影响设备的运行和使用寿命。经验表明，GIS 投运初期因安装问题导致故障事故几乎占到 50%。归纳起来，GIS 设备安装主要须关注安装环境，设备验收，基建质量，安装工艺，落实组织、安全及技术措施等。

一、安装前准备

1. 三项措施

新设备安装中需要落实三项措施，即组织、安全及技术措施。组织措施主要包括安装人员安排、施工计划制订和工作协调机制；安全措施是为了保证整个安装施工期间作业人员的人身和设备（包括施工机械设备和待安装的设备）安全，可通过采取监护和危险点控制等手段来实现；技术措施包括编写安装作业指导书或施工方案，准备安装工器具，提出施工人员技术培训等方面的要求。

这里需要强调的是，具体的安装流程及质量要求，各生产厂家和施工单位的作业指导书或施工方案均有详细的描述。每个阶段完成后应注意检查和验收，符合对应规定要求后再进行下一阶段工作。

2. 机具材料

（1）机具准备。

1）起重机具准备，吊车要确认起重能力。

2）气体回收装置应提前试机，确定其性能，真空表计应试验合格。

3）其他常用机具及专用测量仪器的准备。

（2）材料准备。

1）按要求准备密封材料及清洗用材料。

2）对每瓶 SF_6 气体都应做含水量监测，并抽样做安全分析。

3）准备必需的劳动保护用品，如工作服、手套等。

3. 设备验收

GIS 运输至现场后必须严格进行验收，及时发现运输中可能发生的碰撞问题，从而避免延误工期。检查的内容包括：①包装无破损，设备整体外观完好；②设备件数、型号与铭牌参数符合订货合同要求；③所有附件、备件及专用工器具规格与数量符合订货合同要求；④充有干燥气体的运输单元或部件，内部仍应保持正压存在；⑤检查冲击记录指示有无异常并做好记录存档；⑥出厂证明文件（产品合格证）及随运输所附的图纸、技术资料应齐全，符合装箱单内容和订货合同要求等。《国家电网有限公司十八项电网重大反事故措施》（简称“十八项反措”）“十八项反措”中规定：GIS 出厂运输时，应在断路器、隔离开关、电压互感器、避雷器和 363kV 及以上套管运输单元上加装三维冲击记录仪，其他运输单元加装震动指示器。运输中如出现冲击加速度大于 $3g$ 或不满足产品技术文件要求的情况，产品运至现场后应打开相应隔室检查各部件是否完好，必要时可增加试验项目或返厂处理。

二、安装环境要求

现场安装环境能够直接影响到 GIS 的安装质量。现场应采取防尘、防风措施，如安装现场地面铺塑料薄膜、作业场地四周搭建硬质隔离围栏等措施，保持现场清洁，满足室外 GIS 设备安装要求；进行户外安装时，应避免在下雨、下雪天以及相对湿度 >80% 的情况下作业，防止大量的潮气进入 GIS 内部。

GIS、罐式断路器现场安装时应采取防尘棚等有效措施，确保安装环境的洁净度。800kV 及以上 GIS 现场安装时采用专用移动厂房，GIS 间隔扩建可根据现场实际情况采取同等有效的防尘措施。

除此之外，规划吊车及各部位位置以保证吊车有足够的起吊空间，布置好回收装置及其他机具、材料的位置，清理现场杂物，搭设好安装用工棚。

三、GIS 对安装基础的要求

GIS 应安装在稳定和坚固的基础上。安装基础应能承受设备的自重和 GIS 在操作时产生的操作冲击力，同时还要能够承受外壳热胀冷缩造成的机械力，确保在长期运行中不发生倾斜、下沉、裂纹等造成 GIS 无法正常运行的现象。安装基础应具有与 GIS 相同的抗震设计标准。安装基础的固有频率应该尽量远离设备的固有频率，一般应为设备固有频率的3倍以上，以尽量降低地震时由于基础的存在而产生的设备响应放大率。

GIS的安装基础主要包括地基、预埋的固定槽钢、二次电缆沟、一次电缆沟（用于电缆进出线）、架空出线墙洞（户内）和接地点的位置。现场安装前，应对安装基础进行复勘检查，检查内容主要包括基础表面平整度、基础沉降（包括基础板块自身、基础板块或独立基础之间的沉降），预埋件的位置、露出高度的误差，电缆沟及土建施工质量。地基和固定槽钢应满足直线度和水平度的要求，一般情况下水平度的误差每米不大于1mm，整个安装基础10m长范围内误差不大于5mm。

四、GIS接地的要求

GIS变电站的占地面积远远小于常规变电站，其与常规变电站接地最大的不同是所有金属外壳均需接地，因此需要改进常规变电站接地网或设计满足GIS所需要求的辅助接地网，再与主接地网连接。GIS的接地主要分为主回路接地、外壳接地以及辅助和控制设备接地。

1. 主回路接地

为了确保检修工作的安全，需要将触及和可能触及的主回路中所有部件均可靠接地，通过接地开关或外挂接地线实现。若连接回路有带电的可能性，应采用具有额定开关能力的接地开关。接地开关的接地端子应采用绝缘法兰与GIS的外壳绝缘后再接地，其耐压水平应大于工频交流10kV。

2. 外壳接地

由于电磁感应的作用，GIS的外壳会产生与主回路导体上电流相反的感应电流。对于三相共箱式GIS来说，三相电流平衡，外壳中几乎没有电流；对于三相分相式GIS来说，外壳的电流可能达到主回路电流的60%以上。因此，所有属于主回路和辅助回路的金属部件均应接地，GIS的外壳必须采用多点接地、连续型外壳。特别是伸缩节、无金属法兰的盆式绝缘子及各个元件之间均应采用金属导体跨接。

GIS设置专用辅助地网，应采用截面积不小于250mm^{2}的铜导体，与变电站主接地网的连接应采用焊接，将感应的不平衡电流、瞬时电流、特高频暂态电流等引入接地网，保证设备安全可靠运行。

对于三相分箱式GIS，应采用足够数量的短接线形成闭合回路，且三相短接后再直接引入接地网或辅助地网，连接线最好为铜材并能承载额定短路电流的作用。

3. **辅助和控制设备接地**

GIS 的辅助和控制设备的箱体和外壳应接地，并设置专用接地端子或铜排，铜排截面积不小于 $4\times25mm^2$。箱内专用接地铜排至少要在两个位置上通过外壳的接地连接线与 GIS 的接地网相连。从 GIS 引至操动机构箱、汇控柜和控制箱的控制、保护、监测等用的电缆的屏蔽层只能一点接地，接地点应设在箱柜的一端。

第二节　GIS 设备验收

GIS 设备的验收主要包括厂内验收、中间验收、交接试验验收。厂内验收是指对设备厂内制造的关键点见证和出厂验收。中间验收是指在设备安装调试工程中对关键工艺、关键工序、关键部位和重点试验等开展的验收。交接试验验收是指对设备进行试验，确认设备满足运行要求。本节结合《国家电网公司变电验收管理规定（试行）第 3 分册组合电器验收细则》，简单介绍 GIS 的验收要求。

一、设备出厂验收要求

出厂验收主要包括 GIS 设备外观、出厂试验过程和结果。设备外观主要检查各设备装配情况、机构及其传动情况、运输防护等方面是否满足要求，验收项目和相应的验收标准见表 4－1。

表 4－1　　GIS 出厂验收（外观）细则

序号	验收项目	验收标准
1	预装	所有组部件应装配完整
2	伸缩节及波纹管检查	（1）检查调整螺栓间隙是否符合厂方规定，一般为 2mm 间隙。 （2）应对运行中起调整作用的伸缩节在出厂时进行明确标识
3	各气室 SF_6 气体压力	符合厂家出厂充气压力要求
4	密度继电器及连接管路	（1）一个独立气室应装设密度继电器，严禁出现串联连接或通过阀门连接。 （2）密度继电器应当与本体安装在同一运行环境温度下，不得安装在机构箱内。

续表

序号	验收项目	验收标准
4	密度继电器及连接管路	（3）各密封管路阀门位置正确，阀门有明显的关合、开启位置指示，户外密度继电器必须有防雨罩。 （4）应采用防震型密度继电器
5	铭牌	（1）组合电器壳体、断路器、隔离开关、电流互感器、电压互感器、避雷器等功能单元应有独自的铭牌标志，其出厂编号为唯一并可追溯。 （2）应确保操动机构、盆式绝缘子、绝缘拉杆、支撑绝缘子等重要核心组部件具有唯一识别编号，以便查找和追溯
6	螺栓	（1）全部紧固螺栓均应采用热镀锌螺栓。 （2）导电回路应采用 8.8 级热镀锌螺栓。 （3）螺栓应采取可靠防松措施
7	汇控柜	（1）汇控柜柜门应密封良好，柜门有限位措施，回路模拟线无脱落，可靠接地，柜门无变形。 （2）户外用组合电器的机构箱盖板、汇控柜柜门应具备优质的密封防水性，且观察窗不应采用有机玻璃或强化有机玻璃
8	本体、机构、支架、轴销、传动杆检查	安装牢固、外表清洁完整，支架及接地引线无锈蚀和损伤，瓷件完好清洁，基础牢固，水平、垂直误差符合要求
9	盆式绝缘子颜色标示	隔断盆式绝缘子标示为红色，导通盆式绝缘子标示为绿色
10	连线引线及接地	（1）连接可靠且接触良好并满足通流要求，接地良好，接地连片有接地标志。 （2）接地回路宜采用不小于 M12 的螺栓。 （3）盆式绝缘子两侧应安装等电位跨接线
11	驱潮、加热装置	（1）满足机构箱、汇控柜运行环境要求。 （2）应采用长寿命、易更换的加热器。 （3）加热装置应设置在机构箱的底部，并与机构箱内二次线保持足够的距离

续表

序号	验收项目	验收标准
12	断路器、隔离开关分、合闸操作	（1）动作正确，指示正常，便于观察。 （2）隔离开关的二次回路严禁具有“记忆”功能
13	断路器、隔离开关机构检查	（1）密封良好，电缆口应封闭，接地良好，电机运转良好，分合闸闭锁良好。 （2）断路器计数器必须是不可复归型。 （3）同一间隔的多台隔离开关的电机电源，必须设置独立的开断设备
14	运输要求	在断路器、隔离开关、电压互感器、避雷器和363kV及以上套管运输单元上加装三维冲击记录仪，其他运输单元加装振动指示器

二、设备中间验收要求

中间验收项目包括对组合电器柜外观、动作、信号进行检查核对。验收项目和相应的验收标准见表4－2。

表4－2　GIS中间验收细则

序号	验收项目	验收标准
1	外观检查	（1）基础平整无积水、牢固，水平、垂直误差符合要求，无损坏。 （2）安装牢固、外表清洁完整，支架及接地引线无锈蚀和损伤。 （3）瓷件完好清洁。 （4）开关机构箱机构密封完好，加热驱潮装置运行正常检查。机构箱开合顺畅、箱内无异物。 （5）基础牢固，水平、垂直误差符合要求。 （6）横跨母线的爬梯，不得直接架于母线器身上。爬梯安装应牢固，两侧设置的围栏应符合相关要求。 （7）避雷器泄漏电流表安装高度最高不大于2m。 （8）落地母线间隔之间应根据实际情况设置巡视梯。在组合电器顶部布置的机构应加装检修平台。 （9）室内GIS站房屋顶部需预埋吊点或增设行吊。 （10）母线避雷器和电压互感器应设置独立的隔离开关或隔离断口。 （11）检查断路器分合闸指示器与绝缘拉杆相连的运动部件相对位置有无变化

续表

序号	验收项目	验收标准
2	标识	（1）隔断盆式绝缘子标示为红色，导通盆式绝缘子标示为绿色。 （2）设备标志正确、规范。 （3）主母线相序标志清楚
3	接地检查	（1）底座、构架和检修平台可靠接地，导通良好。 （2）支架与主地网可靠接地，接地引下线连接牢固，无锈蚀、损伤、变形。 （3）全封闭组合电器的外壳法兰片间应采用跨接线连接，并应保证良好通路。 （4）接地无锈蚀，压接牢固，标志清楚，与地网可靠相连。 （5）本体应多点接地，并确保相连壳体间的良好通路，避免壳体感应电压过高及异常发热威胁人身安全。非金属法兰的盆式绝缘子跨接排、相间汇流排的电气搭接面采用可靠防腐措施和防松措施。 （6）接地排应直接连接到地网，电压互感器、避雷器、快速接地开关应采用专用接地线直接连接到地网，不应通过外壳和支架接地
4	密度继电器及连接管路	（1）每一个独立气室应装设密度继电器，严禁出现串联连接；密度继电器应当与本体安装在同一运行环境温度下，各密封管路阀门位置正确。 （2）密度继电器需满足不拆卸校验要求，位置便于检查巡视记录。 （3）二次线必须牢靠，户外安装密度继电器必须有防雨罩，密度继电器防雨箱（罩）应能将表、控制电缆接线端子一起放入，防止指示表、控制电缆接线盒和充放气接口进水受潮。 （4）220kV及以上分箱结构断路器每相应安装独立的密度继电器。 （5）所在气室名称与实际气室及后台信号对应、一致。 （6）密度继电器的报警、闭锁定值应符合规定。备用间隔（只有母线侧隔离开关）及母线筒密度继电器的报警接入相邻间隔。 （7）充气阀检查无气体泄漏，阀门自封良好，管路无划伤。 （8）SF_6气体压力均应满足说明书的要求值。 （9）密度继电器的二次线护套管在最低处必须有漏水孔，防止雨水倒灌进入密度表的二次插头造成误发信号。 （10）GIS密度继电器应朝向巡视主道路，前方不应有遮挡物，满足机器人巡检要求。 （11）阀门开启、关闭标志清晰。 （12）需靠近巡视走道安装表计，不应有遮挡，其安装位置和朝向应充分考虑巡视的便利性和安全性。密度继电器表计安装高度不宜超过2m（距离地面或检修平台底板）

续表

序号	验收项目	验收标准
5	伸缩节及波纹管检查	（1）检查调整螺栓间隙是否符合厂方规定，留有余度。 （2）检查伸缩节跨接接地排的安装配合满足伸缩节调整要求。 （3）检查伸缩节温度补偿装置完好。应考虑安装时环境温度的影响，合理预留伸缩节调整量。 （4）应对起调节作用的伸缩节进行明确标志
6	外瓷套或合成套外表检查	瓷套无磕碰损伤，一次端子接线牢固。金属法兰与瓷件胶装部位粘合应牢固，防水胶应完好
7	法兰盲孔检查	（1）盲孔必须打密封胶，确保盲孔不进水。 （2）法兰与安装板及装接地连片处、法兰和安装板之间的缝隙必须打密封胶
8	铭牌	设备出厂铭牌齐全、参数正确
9	相序	相序标志清晰正确
10	隔离、接地开关电动机构	（1）机构内的弹簧、轴、销、卡片、缓冲器等零部件完好。 （2）机构的分、合闸指示应与实际相符。 （3）传动齿轮应咬合准确，操作轻便灵活。 （4）电机操作回路应设置缺相保护器。 （5）隔离开关控制电源和操作电源应独立分开。同一间隔内的多台隔离开关，必须分别设置独立的开断设备。 （6）机构的电动操作与手动操作相互闭锁应可靠。电动操作前，应先进行多次手动分、合闸，机构动作应正常。 （7）机构动作应平稳，无卡阻、冲击等异常情况。 （8）机构限位装置应准确、可靠，到达规定分、合极限位置时，应可靠地切除电动机电源。 （9）机构密封完好，加热驱潮装置运行正常。 （10）做好控缆进机构箱的封堵措施，严防进水。 （11）三工位的隔离开关，应确认实际分合位置，与操作逻辑、现场指示相对应。 （12）机构应设置闭锁销，闭锁销处于“闭锁”位置时机构既不能电动操作也不能手动操作，处于“解锁”位置时能正常操作。 （13）应严格检查销轴、卡环及螺栓连接等连接部件的可靠性，防止其脱落导致传动失效

续表

序号	验收项目	验收标准
11	断路器液压机构	（1）机构内的轴、销、卡片完好，二次线连接紧固。 （2）液压油应洁净无杂质，油位指示应正常，同批安装设备油位指示一致。 （3）液压机构管路连接处应密封良好，管路不应与机构箱内其他元件相碰。 （4）液压机构下方应无油迹，机构箱的内部应无液压油渗漏。 （5）储能时间符合产品技术要求，额定压力下，液压机构的24h压力降应满足产品技术条件规定（安装单位提供报告）。 （6）检查油泵启动停止、闭锁自动重合闸、闭锁分合闸、氮气泄漏报警、氮气预充压力、零起建压时间应与产品技术条件相符。 （7）防失压慢分装置应可靠。 （8）电触点压力表、安全阀应校验合格，泄压阀动作应可靠，关闭严密。 （9）微动开关、接触器的动作应准确可靠，接触良好。 （10）油泵打压计数器应正确动作。 （11）安装完毕后应对液压系统及油泵进行排气（查安装记录）。 （12）液压机构操作后液压下降值应符合产品技术要求。 （13）机构打压时液压表指针不应剧烈抖动。 （14）机构上储能位置指示器、分合闸位置指示器应便于观察巡视
12	断路器弹簧机构	（1）弹簧机构内的弹簧、轴、销、卡片等零部件完好。 （2）机构合闸后，应能可靠地保持在合闸位置。 （3）机构上储能位置指示器、分合闸位置指示器便于观察巡视。 （4）合闸弹簧储能完毕后，限位辅助开关应立即将电动机电源切断。 （5）储能时间满足产品技术条件规定，并应小于重合闸充电时间。 （6）储能过程中，合闸控制回路应可靠断开
13	断路器液压弹簧机构	（1）机构内的轴、销、卡片完好，二次线连接紧固。 （2）液压油应洁净无杂质，油位指示应正常。 （3）液压弹簧机构各功能模块应无液压油渗漏。 （4）电动机零表压储能时间、分合闸操作后储能时间符合产品技术要求，额定压力下，液压弹簧机构的24h压力降应满足产品技术条件规定（安装单位提供报告）。

续表

序号	验收项目	验收标准
13	断路器液压弹簧机构	（5）检查液压弹簧机构各压力参数安全阀动作压力、油泵启动停止压力、重合闸闭锁报警压力、重合闸闭锁压力、合闸闭锁报警压力、合闸闭锁压力、分闸闭锁报警压力、分闸闭锁压力应与产品技术条件相符。 （6）防失压慢分装置应可靠，投运时应将弹簧销插入闭锁装置；手动泄压阀动作应可靠，关闭严密。 （7）检查驱潮、加热装置应工作正常
14	连线引线及接地	（1）连接可靠且接触良好并满足通流要求。接地良好，接地连片有接地标志。 （2）连接螺栓应采用不小于 M12 螺栓固定
15	绝缘盆子带电检测部位检查	绝缘盆子为非金属封闭、金属屏蔽但有浇注口；可采用带金属法兰的盆式绝缘子，但应预留窗口，预留浇注口盖板宜采用非金属材质，以满足现场特高频带电检测要求
16	汇控柜外观检查	（1）安装牢固，外表清洁完整，无锈蚀和损伤，接地可靠。 （2）基础牢固，水平、垂直误差符合要求。 （3）汇控柜柜门必须限位措施，开、关灵活，门锁完好。 （4）回路模拟线正确、无脱落
17	汇控柜封堵检查	底面及引出、引入线孔和吊装孔，封堵严密可靠
18	汇控柜标识	（1）回路模拟线正确、无脱落。 （2）设备编号牌正确、规范。 （3）标志正确、清晰
19	二次接线端子	（1）二次引线连接紧固、可靠，内部清洁；电缆备用芯带绝缘帽。 （2）应做好二次线缆的防护，避免由于绝缘电阻下降造成开关偷跳
20	加热、驱潮装置	运行正常、功能完备。加热、驱潮装置应保证长期运行时不对箱内邻近设备、二次线缆造成热损伤，应大于 50mm，其二次电缆应选用阻燃电缆

续表

序号	验收项目	验收标准
21	位置及光字指示	断路器、隔离开关分合闸位置指示灯正常，光字牌指示正确与后台指示一致
22	二次元件	（1）汇控柜内二次元件排列整齐、固定牢固，并贴有清晰的中文名称标示。 （2）柜内隔离开关、空气开关标志清晰，并一对一控制相应隔离开关。 （3）断路器二次回路不应采用RC加速设计。 （4）各继电器位置正确，无异常信号。 （5）断路器安装后必须对其二次回路中的防跳继电器、非全相继电器进行传动，防跳继电器动作时间应小于辅助开关切换时间，并保证在模拟手合与故障条件下断路器不会发生跳跃现象
23	照明	灯具符合现场安装条件，开、关应具备门控功能
24	带电显示装置与接地隔离开关的闭锁	带电显示装置自检正常，闭锁可靠
25	主设备间连锁检查	（1）满足“五防”闭锁要求。 （2）汇控柜连锁、解锁功能正常
26	监控信号回路	监控信号回路正确，传动良好
27	施工资料	变更设计的证明文件，以及安装技术记录、调整试验记录、竣工报告
28	厂家资料	使用说明书、技术说明书、出厂试验报告、合格证及安装图纸等技术文件
29	备品备件	按照技术协议书规定，核对备品备件、专用工具及测试仪器数量、规格、是否符合要求
30	通风装置	组合电器室应装有通风装置，风机应设置在室内底部，并能正常开启

三、设备交接试验验收

交接试验验收要保证所有试验项目齐全、合格，并与出厂试验数值无明显差异。组合电器交接试验验收的验收项目和相应的验收标准见表 4 – 3。

表 4 – 3　　组合电器交接验收细则

序号	验收项目	验收标准
1	主回路绝缘试验	（1）老练试验，应在现场耐压试验前进行。 （2）在 $1.1U_m/\sqrt{3}$ 下进行局部放电检测，72.5～363kV 组合电器的交流耐压值应为出厂值的 100%，550kV 及以上电压等级组合电器的交流耐压值应不低于出厂的 90%。 （3）有条件时还应进行冲击耐压试验，雷电冲击试验和操作冲击试验电压值为型式试验施加电压值的 80%，正负极性各三次。 （4）应在完整间隔上进行。 （5）局部放电试验应随耐压试验一并进行
2	气体密度继电器试验	（1）进行各触点（如闭锁触点、报警触点）的动作值的校验。 （2）随组合电器本体一起，进行密封性试验
3	辅助和控制回路绝缘试验	采用 2500V 绝缘电阻表且绝缘电阻大于 10MΩ
4	主回路电阻试验	（1）采用电流不小于 100A 的直流压降法。 （2）现场测试值不得超过控制值 R_n（R_n是产品技术条件规定值）。 （3）应注意与出厂值的比较，不得超过出厂实测值的 120%。 （4）注意三相测试值的平衡度，如三相测量值存在明显差异，须查明原因。 （5）测试应涵盖所有电气连接
5	气体密封性试验	采用检漏仪对各气室密封部位、管道接头等处进行检测时，检漏仪不应报警；每一个气室年漏气率不应大于 0.5%

续表

序号	验收项目	验收标准
6	SF_6 气体试验	（1）SF_6 气体必须经 SF_6 气体质量监督管理中心抽检合格，并出具检测报告后方可使用。 （2）SF_6 气体注入设备前后必须进行湿度检测，且应对设备内气体进行 SF_6 纯度检测，必要时进行 SF_6 气体分解产物检测。结果符合标准要求。 （3）SF_6 气体湿度（20℃的体积分数）试验，应符合下列规定：有灭弧分解物的气室，应不大于 150μL/L；无灭弧分解物的气室，应不大于 250μL/L
7	机械特性试验	（1）机械特性测试结果，符合其产品技术条件的规定，测量开关的行程—时间特性曲线，在规定的范围内。 （2）应进行操动机构低电压试验，符合其产品技术条件的规定
8	试验数据分析	试验数据应通过显著性差异分析法和纵横比分析法进行分析，并提出意见

第三节　GIS 设备试验

GIS 设备试验主要包括型式试验、出厂试验和交接试验。型式试验是厂家对其产品设计、制造工艺和技术性能的验证。在订货时应要求厂家提供产品有效的型式试验报告，包括试验项目、试验结果、试验周期以及试验站相关资质。出厂试验和交接试验是对 GIS 设备的验收试验。

一、型式试验

为了验证 GIS 产品能否满足各种技术规范要求，在正式投入生产前必须经过型式试验。对于 GIS 而言，型式试验既包括各元件单独试验，也涵盖 GIS 整体试验。（GB/T 7674—2020）规定，除非标准中规定有特定的试验要求和条件，否则对 GIS 元件的试验应按各自相关的标准进行，且应在完整的功能单元（单极或三极）上进行。

型式试验只能反映产品设计水平的高低，并不能代表产品生产的质量好坏。为了保证产品的技术性能，在生产过程中不能随意改变关键工艺，应保证与已通过型式试验的技术性能一致。

下述情况 GIS 应进行型式试验：

（1）新设计和试制的产品。

（2）产品设计、工艺、生产条件发生改变或使用材料发生重大改变而影响性能时。

（3）正常生产的产品，每隔 8 年应进行相应性能的型式试验，停产三年以上的产品也应进行相应性能的型式试验，具体试验要求见相关的产品标准。

（4）对系列产品或派生产品应进行相关的型式试验，有些试验可引用相应的有效试验报告。

型式试验决定了产品能否正常投入生产和运行，因此必须在有相应试验资质和使用部门认可的试验室进行。为确保公正性，型式试验必须由具有相应试验资质的第三方进行。图样和资料清单应由生产厂家提供，并应保证材料正确性以及试品真实性，经各试验室确认完毕后将其他资料返还厂家，并进行试验。

试验室应在试验完成后出具一份具有相应资质的型式试验报告，内容应包含被试 GIS 型号、编号等具体信息，以及试验结果、过程表现、维修和更换情况、试验设备等信息。报告中的图文数据应充实详细，足以对比相应标准规定和技术条件，给出试验是否合格的结论。

1. 试验项目

GIS 的型式试验项目主要如下（其中未作说明的均为强制试验项目）：

（1）绝缘试验；

（2）无线电干扰电压（r. i. v.）试验；

（3）主回路电阻测量和温升试验；

（4）短时耐受电流和峰值耐受电流试验；

（5）开关装置开断关合能力试验；

（6）机械操作试验；

（7）外壳防护等级的验证；

（8）气体密封性试验和气体状态检查；

（9）电磁兼容性试验（EMC）；

（10）辅助和控制回路的附加试验；

（11）隔板（盆式绝缘子）的试验；

（12）外壳强度试验；

（13）接地连接的腐蚀试验；

（14）内部故障电弧试验；

（15）验证在极限温度下的机械操作试验；

（16）绝缘子试验；

（17）绝缘试验。

绝缘试验主要包括耐压试验、局部放电试验、辅助和控制回路的绝缘试验，以及作为状态检查的电压试验。

其中耐压试验是为了验证 GIS 的绝缘性能是否满足设计和标准的要求。试验时 GIS 的绝缘件外表应处于清洁状态，并在规定的最低功能压力下进行试验。

对于额定电压 $U_1 \leqslant 252$kV 的 GIS 进行工频电压和雷电冲击电压试验，耐压水平应满足表 4－4 的要求。对于额定电压 $U_1 > 252$kV 的 GIS 进行工频电压、雷电冲击电压和操作冲击电压试验，耐压水平应满足表 4－5 的要求。

对于工频电压试验，不允许发生破坏性放电。对于冲击电压试验（雷电冲击和操作冲击），非自恢复绝缘上不应出现破坏性放电；对于自恢复绝缘，在进行至少 15 次的冲击试验时允许出现 2 次破坏性放电，但最后一次放电后至少应通过 5 次冲击试验。

表 4－4　额定电压 72.5～252kV 的额定绝缘水平　　单位：kV

额定电压（有效值）U_1	额定工频短时耐受电压（有效值）U_a		额定雷电冲击耐受电压（峰值）U_p	
	通用值	隔离断口	通用值	隔离断口
项（1）	项（2）	项（3）	项（4）	项（5）
72.5	160	200	350	410
126	230	230（+70）	550	550（+100）
252	460	460（+145）	1050	1050（+200）

注　1. 根据我国电力系统的实际，本表中的额定绝缘水平与 IEC 62271－1—2017 表 la 的额定绝缘水平不完全相同。

2. 本表中项（2）和项（4）的数值取自《绝缘配合 第 1 部分：定义、原则和规则》（GB 311.1—2012）中中性点接地系统使用的数值。

3. 126kV 和 252kV 项（3）中括号内的数值为加在对侧端子上的工频电压有效值；项（5）中括号内的数值为加在对侧端子上的工频电压峰值。

4. 隔离断口是指隔离开关、负荷—隔离开关的断口及起联络作用或作为热备用的负荷开关和断路器的断口。

由于气体介质的击穿场强与压强有关，因此对于不同海拔下的 GIS 绝缘水平需要进行海拔修正。对于 GIS 内绝缘，由于其不受外界影响，因此不进行修正（如 GIS 内部气体等）；对于 GIS 外绝缘，因其暴露在空气中，因此需要进行海拔修正（如 GIS 出线套管，当使用地点的海拔大于 1000m 时应进行修正）。

GIS 除瓷质出线套管外，复合绝缘套管和外壳内绝缘件的闪络击穿无论是绝缘体内部还是外表面均属非自恢复绝缘。当 GIS 使用户外套管时，还应进行湿试验和污秽试验。耐压试验中不对 GIS 中电压互感器和避雷器进行加压，其应按各自的标准单独试验。

表 4－5　　额定电压 363kV 及以上的额定绝缘水平　　单位：kV

额定电压（有效值）	额定短时工频耐受电压（有效值）		额定操作冲击耐受电压（峰值）			额定雷电冲击耐受电压（峰值）	
	极对地和极间	断口	极对地	极间	断口	极对地和极间	断口
项（1）	项（2）	项（3）	项（4）	项（5）	项（6）	项（7）	项（8）
363	510	510（+210）	950	1425	800（+295）	1175	1175（+295）
550	740	740（+315）	1300	1950	1175（+450）	1675	1675（+450）
800	960	960（+460）	1550	2480	1425（+650）	2100	2100（+650）
1100	1100	1100（+635）	1800	2700	1675 +（900）	2400	2400 +（900）

注　1. 根据我国电力系统的实际，本表中的额定绝缘水平与 IEC 62271－1 表 2a 的额定绝缘水平不完全相同。

2. 本表中项（2）、项（4）~项（7）根据 GB 311. 1—2012 的数值提出。

3. 本表中项（3）括号内的数值为加在对侧端子上的工频电压有效值：

项（6）括号内的数值为加在对侧端子上的工频电压峰值；

项（8）括号内的数值为加在对侧端子上的工频电压峰值。

4. 本表中 1100kV 的数值是根据我国电力系统的需要而选定的数值。

局部放电试验一般可以和工频耐压试验同时进行，试验时外施工频电压升高到预加值（工频耐受电压）并保持 1min。然后降到局部放电测量的试验电

压 5min 后进行局部放电测量，最大允许局放量不应超过 5pC。

2. 无线电干扰电压（r. i. v.）试验

无线电干扰电压试验的目的是测量 126kV 及以上、具有 SF_6 - 空气套管的 GIS 在运行中可能发生的外部电晕放电，确定无线电干扰随电压变化的特性曲线。为了尽量降低设备的无线电干扰水平，改善变电站和发电厂的电磁环境，电力行业标准《高压开关设备和控制设备标准的共用技术要求》（DL/T 593—2006）规定的 $1.1U_1/\sqrt{3}$ 下无线电干扰电平不超过 500μV。目前我国 550kV 及以上电压等级断路器均可达到这一要求。无线电干扰电压试验应在特定的实验室进行，保证背景电平比无线电干扰电平至少低 6dB。试验时可将绝缘子擦拭干净，以免其上的纤维和灰尘产生影响，试验时相对湿度不要超过 80%。

3. 主回路电阻测量和温升试验

（1）主回路电阻测量。GIS 的主回路电阻测量适用于温升试验和短路试验前后。测量直流电流应不小于 100A，对于特高压应不小于 300A。温升试验和短路试验结束后的回路电阻值应与试验前对比，用以判断是否在标准规定范围内，现行标准要求试验前后回路电阻增加量不应超过 20%。

（2）温升试验。温升试验的目的是检验 GIS 承载额定电流长期运行时各部位的温升情况。试验要求在空气温度高于 +10℃，且空气流速不超过 0.5m/s 的试验室内进行，试验应在 1.1 倍额定电流、50Hz 条件下进行。试验过程中试品应充入最低功能压力的气体，通流时间应足够长，以 1h 内温升的增加不超过 1K 作为达到稳定状态的判断依据。试验时距试品端子 1m 处的连接线的温升与端子的温升相差不超过 5K，以保证由电源连接到试品的接线应不会明显地帮助试品散热或向试品导入热量。

4. 短时耐受电流和峰值耐受电流试验

短时耐受电流和峰值耐受电流试验用于考验 GIS 承受短路电流情况下机械应力和热应力的能力。施加的试验电流和持续时间应不小于 GIS 产品的额定峰值耐受电流和短时耐受电流以及额定短路持续时间。

GIS 在完成试验后，不应有损坏、触头分离或熔焊，应能进行正常的空载操作且断路器、隔离/接地开关的触头应在第一次分闸操作时即可分开。试验前后回路电阻变化量不超过 20%。

5. 开关装置开断关合能力试验

（1）构成 GIS 主回路的开关装置，如断路器、隔离开关和接地开关、负荷开关等，应在正常的安装和使用条件下，按照相关的标准进行试验，以验证它们的额定短路开断关合能力和额定开合能力。

（2）GIS 中具备短路关合能力的接地开关，应在正常的安装和使用条件下，按照《高压交流隔离开关和接地开关》（GB 1985—2014）标准进行试验，以验证其额定短路关合能力。

6. 机械操作试验

（1）开关装置的行程-时间特性测量。GIS 中的断路器、隔离开关、接地开关等开关装置应按各自的标准进行行程-时间特性曲线的测量，并满足各自的技术要求。

（2）正常温度下的机械操作试验。GIS 中的开关装置应进行机械寿命试验，按照现行的标准，机械寿命分为 M1 和 M2 级。M1 级断路器操作次数为 2000~5000 次，隔离开关和接地开关操作次数为 3000 次。M2 级断路器、隔离开关和接地开关的操作次数均为 10000 次。同时对于连锁装置应进行 50 次操作循环来检查相关连锁的正确性。

（3）高低温试验。GIS 的高低温试验是指 GIS 在最高和最低温度下的操作试验，相关的标准对 GIS 中的开关装置，如断路器、隔离开关和接地开关均有比较详细的规定。

7. 外壳防护等级的验证

GIS 防护等级的验证主要针对构成 GIS 产品的一部分操动机构箱、二次汇控柜等的外壳。

户内 GIS 产品防护等级一般为 IP4X；推荐的撞击水平为 IK07（2J）。

户外 GIS 产品防护等级一般要求为 IP44、IP54 或更高；推荐的撞击水平为 IK10（20J）。

8. 气体密封性试验和气体状态检查

密封性试验应在机械寿命试验前、后及极限温度下的操作试验期间进行。型式试验的密封性试验，一般采用扣罩法测量一定时间内的漏气量，换算得出年漏气率。根据现行国家标准，采用封闭压力系统的 GIS 产品的任一单个隔室泄漏到大气和隔室间的年漏气率不超过 0.5%。如果在正常温度（-5~+40℃）情况下漏气率为 F_p，则在极限温度状态下允许的暂时漏气率为 $3F_p$（+40~+50℃，-40~-5℃）或 $6F_p$（-50℃）。

9. 电磁兼容性试验（EMC）

电磁兼容性试验考验了辅助和控制回路包括电子设备和元件的抗扰性能。

（1）主回路的发射试验（r. i. v）。

额定电压 126kV 及以上，采用 SF_6-空气套管的 GIS 产品在 $1.1U_1/\sqrt{3}$ 下无线电干扰电平应不超过 500μV。

（2）辅助和控制回路的抗扰性试验。

1）电快速瞬变脉冲串试验，用以模拟在二次回路中开合引起的工况。

2）振荡波抗扰性试验，用以模拟主回路中开关电器开合引起的工况。

电磁抗扰性试验应在完整的辅助和控制回路上进行，也可在分装如GIS汇控柜、操动机构箱等上进行。

10. 辅助和控制回路的附加试验

该试验对GIS中辅助和控制回路整体进行考验，而不是针对单个元件。项目包括：

（1）功能试验，验证二次回路与GIS装配在一起的正确功能。

（2）接地金属部件的接地连续性试验。此项试验的目的是验证GIS中的接地金属部件的连续性。试验时金属部件提供的接地点在通过30A（直流）电流时，电压降应小于3V。在辅助和控制回路的外壳上进行时，应通以12V、最小2A直流电流，只要测量的电阻小于0.5Ω即可。

（3）辅助触头动作特性的验证。GIS二次回路中的辅助触头，如辅助开关、行程开关、接触器等元件的触头应当通过此项试验得到验证。需要通过验证的功能包括额定连续电流、额定短时耐受电流、开断能力等。

（4）环境试验。这项试验可以在GIS本体按规程规定的环境试验中得到验证。试验包括寒冷试验、干热试验、恒定湿热试验、交变湿热试验、振动响应和抗震试验。

（5）绝缘试验。GIS的辅助和控制回路应能承受短时工频电压耐受试验，试验电压为2kV，持续时间为1min。

（6）直流输入功率接口纹波抗扰性试验。试验要按照IEC 61000－4－17规定进行。

（7）直流输入功率接口的电压跌落、短时中断和电压变化的抗扰性试验。试验按照IEC 61000－4－11、IEC 61000－4－29规定进行。

11. 隔板（盆式绝缘子）的试验

本试验的目的是验证GIS中所使用的隔板（气密型盆式绝缘子）在运行条件下所能承受压力的安全裕度。受试绝缘子应和使用条件一样安装，压力以不超过400Pa/min的速度上升直到出现破裂。型式试验压力应大于3倍的设计压力。

12. 外壳强度试验

GIS使用的金属外壳的强度试验，一般采用破坏性试验。试验在未装入元件的独立外壳上进行。压力上升速度控制在400kPa/min以下。受试外壳应能承受规定的型式试验压力。

对于铸造的铝合金外壳，型式试验压力＝5×设计压力。

若经过专门的材料试验证明可以不考虑铸造的分散性，则型式试验压力＝

3.5×设计压力。

对于焊接的铝外壳和焊接的钢外壳，型式试验压力=3.1×设计压力。

若对焊缝经过10%的超声或射线检查，型式试验压力=2.3×设计压力。

13. **接地连接的腐蚀试验**

对于户外安装的GIS，应进行本项试验。试验的目的是验证GIS产品接地连接的电气连接是否满足要求。经过168h环境试验Ka（盐雾），试品外壳的接地电阻与试验前相比变化不应超过20%。

14. **内部故障电弧试验**

本试验是根据用户要求进行的型式试验。燃弧期间施加的短路电流应相应于额定短时耐受电流，试验持续时间应满足用户规定的第二段保护（后备保护）动作时间，但最长的持续时间应不大于0.5s（额定短路电流小于40kA）或不大于0.3s（额定短路电流不小于40kA）。

15. **绝缘子试验**

GIS中所使用的绝缘子，包括隔板和支撑绝缘子应进行热性能和隔板的密封性试验。

（1）热性能试验。每种类型的绝缘子应有5个试品，通过10次热循环试验。热循环流程为：最低环境温度4h—室温2h—温升规定的允许极限温度4h—室温2h，试后能通过热性能试验。

（2）隔板的密封性试验。隔板一侧施加设计压力，同时相邻隔室处于真空状态，保持24h，隔板不应有损坏，隔室年漏气率不应超过0.5%。

二、出厂试验

出厂试验是检验GIS产品制造质量水平、应用技术性能的重要环节，能够检验产品是否满足技术规定和用户需求。出厂试验的结果可以反映出GIS产品在材料选取、生产装配过程中可能存在的问题缺陷。出厂试验的元件布置连接方式以及技术参数应与通过型式试验的设备保持一致，除受场地限制可以减少连接元件的情况外，原则上应在装配完整的GIS设备上进行，并应以功能单元或运输单元为单位开展试验，个别试验在单独元件上开展。

出厂试验包括以下项目：

（1）主回路的绝缘试验；

（2）辅助和控制回路的试验；

（3）主回路电阻测量；

（4）密封性试验和气体状态检查；

（5）设计和外观检查；

（6）外壳的压力试验；

（7）机械操作试验和开关装置的行程－时间特性测量；

（8）控制回路中辅助回路、设备和连锁的试验；

（9）隔板（气密型盆式绝缘子）的压力试验。

出厂试验项目一般包含在型式试验的项目之中，内容也基本相同，但是出厂试验一般不会对产品造成损伤，主要是用于考验 GIS 产品的生产制造质量。

1. 主回路的绝缘试验

主回路的绝缘电阻试验是出厂试验中检验 GIS 制造过程中零部件质量、装配质量、内部清洁度的关键性试验。现有标准要求绝缘试验进行工频耐压试验和局部放电试验，但是现场运行经验表明仅靠这两个试验无法完全反映产品内部的所有绝缘缺陷，投入运行后仍会发生内部放电故障。因此对于 252kV 及以上电压等级 GIS 在原有试验项目的基础上还需增加雷电冲击耐压试验。

对 1100kV GIS 的要求如下：

（1）对 GIS 中使用的绝缘件，应单个进行工频耐压和局部放电检测，局部放电不大于 3pC。

（2）增加正、负极性雷电冲击耐压试验各 3 次。

（3）在进行耐压试验前，断路器应做 200 次分、合操作（每 100 次操作中的最后 10 次应为重合闸操作）。

（4）在工频耐压和局部放电检测前延长老练试验时间。

2. SF_6 气体湿度的测量

GIS 产品在装配好后应充入合格的 SF_6 气体，并进行 SF_6 气体湿度试验，证明壳体内部各个元件的干燥处理是否合格。现场安装过程中气体湿度控制条件不及工厂内部，并且难以干燥处理，可能在安装后存在湿度超标现象，因此该试验能够为现场安装后气体湿度测试提供对比依据。

3. 主回路电阻测量

主回路电阻测量电流值与型式试验要求相同，测量结果应在参考值允许范围内，并且不超过试验前电阻值的 1.2 倍。

4. 机械行程特性曲线的测量

GIS 出厂试验中的机械行程特性曲线的测量要求与型式试验相同，所获得的曲线应在型式试验原始曲线的包络线内。试验过程中应尽量使用 GIS 本身的控制回路。

5. 密封性试验

GIS 产品的密封性试验应采用扣罩法，密封 24h 后再进行检漏，试验可以在制造过程中的不同阶段对产品的总装、分装、单元或元件进行试验。

6. 壳体的压力试验

GIS 的金属壳体应进行压力试验，试验时间应至少维持 1min。对于焊接的铝外壳和焊接的钢外壳，试验压力为 1.3 倍设计压力；对于铸造的铝外壳，试验压力为 2 倍设计压力。

7. 盆式绝缘子的出厂试验

GIS 中使用的盆式绝缘子的绝缘性能直接影响 GIS 运行的可靠性。目前国内 550kV 及以下电压等级的盆式绝缘子在设计、工艺、制造等方面基本成熟，但是在 1000kV 电压等级的盆式绝缘子运行中暴露出生产制造及机械性能方面的问题。为此国家电网有限公司组织相关单位共同研究，制定了企业标准《1100kV 气体绝缘金属封闭开关设备用盆式绝缘子技术规范》（Q/GDW 11127—2013），对 1100kV 盆式绝缘子的出厂试验作出了明确的规定，具体见表 4-6～表 4-8。

表 4-6　出厂逐个试验项目

序号	试验项目	序号	试验项目
1	外观和尺寸检查	5	例行水压试验
2	玻璃化转变温度测量	6	密封试验
3	导通试验（适用时）	7	X 射线探伤
4	绝缘电阻测量	8	工频电压试验和局部放电试验

表 4-7　盆式隔板抽样试验项目及顺序

序号	试验项目	序号	试验项目
1	盆式隔板的压力试验（破坏）	2	不同部分树脂组织检查（片析检查）

表 4-8　第一次抽样样本容量数值表

批量	样本容量	批量	样本容量
$N \leqslant 30$	3	$60 < N \leqslant 100$	5
$30 < N \leqslant 60$	4	$100 < N \leqslant 200$	6

三、交接试验

施工现场交接试验是检验设备制造及安装质量的重要环节，决定了 GIS 设

备能否顺利投入运行以及 GIS 投运后变电站能否顺利运行。根据《电气装置安装工程电气设备交接试验标准》（GB 50150—2016）规定，气体绝缘金属封闭开关设备的交接试验应包括下列内容：

（1）主回路的导电电阻测试；

（2）封闭式组合电器内各元件的试验；

（3）密封性试验；

（4）六氟化硫气体含水量试验；

（5）主回路的交流耐压试验；

（6）组合电器的操动试验；

（7）气体密度继电器、压力表和压力动作阀的检查。

1. 主回路的导电电阻测试

测量主回路的导电电阻值应满足以下要求：测量时宜采用电流不小于 100A 的直流压降法，且测试结果不应超过产品技术条件规定值的 1.2 倍。

2. 封闭式组合电器内各元件的试验

对于装在封闭式组合电器内的断路器、隔离开关、负荷开关、避雷器、互感器、套管、绝缘子等元件应各自进行交接试验，试验项目见表 4 - 9。

表 4 - 9　　封闭式组合电器内各元件的试验项目

序号	元件	试验项目
1	断路器	（1）测量绝缘电阻； （2）测量每相导电回路的电阻； （3）交流耐压试验； （4）断路器均压电容器的试验； （5）测量断路器的分、合闸时间； （6）测量断路器的分、合闸速度； （7）测量断路器的分、合闸同期性及配合时间； （8）测量断路器合闸电阻的投入时间及电阻值； （9）测量断路器分、合闸线圈绝缘电阻及直流电阻； （10）断路器操动机构的试验； （11）套管式电流互感器的试验； （12）测量断路器内 SF_6 气体的含水量； （13）密封性试验； （14）气体密度继电器、压力表和压力动作阀的检查

续表

序号	元件	试验项目
2	隔离开关、负荷开关	（1）测量绝缘电阻； （2）测量高压限流熔丝管熔丝的直流电阻； （3）测量负荷开关导电回路的电阻； （4）交流耐压试验； （5）检查操动机构线圈的最低动作电压； （6）操动机构的试验
3	避雷器	（1）测量金属氧化物避雷器及基座绝缘电阻； （2）测量金属氧化物避雷器的工频参考电压和持续电流； （3）测量金属氧化物避雷器直流参考电压和 0.75 倍直流参考电压下的泄漏电流； （4）检查放电计数器动作情况及监视电流表指示； （5）工频放电电压试验
4	互感器	（1）绝缘电阻测量； （2）测量 35kV 及以上电压等级的互感器的介质损耗因数 $\tan\delta$ 及电容量； （3）局部放电试验； （4）交流耐压试验； （5）绝缘介质性能试验； （6）测量绕组的直流电阻； （7）检查接线绕组组别和极性； （8）误差及变比测量； （9）测量电流互感器的励磁特性曲线； （10）测量电磁式电压互感器的励磁特性； （11）电容式电压互感器（CVT）的检测； （12）密封性能检查
5	套管	（1）测量绝缘电阻； （2）测量 20kV 及以上非纯瓷套管的介质损耗因数（$\tan\delta$）和电容值； （3）交流耐压试验； （4）绝缘油的试验（有机复合绝缘套管除外）； （5）SF_6 套管气体试验
6	绝缘子	（1）测量绝缘电阻； （2）交流耐压试验

注 对无法分开的设备可不单独进行。

3. **密封性试验**

密封试验应在充气24h以后进行，试验前应完成组合操动试验。试验方法可采用灵敏度不低于1×10^{-6}（体积比）的检漏仪对各气室密封部位、管道接头等处进行检测，检漏仪不报警则说明试验结果合格。对于特殊条件的密封性试验，必要时可采用局部包扎法进行气体泄漏测量，以24h漏气量换算，每一个气室年漏气率不应大于1%，750kV及以上电压等级不应大于0.5%。

4. **六氟化硫气体含水量试验**

气体含水量的测量应在封闭式组合电器充气24h后进行，并符合现行国家标准GB/T 7674—2020和GB/T 8905—2012的有关规定。

对于有分解物的隔室，含水量应小于150μL/L。

对于无分解物的隔室，含水量应小于250μL/L。

5. **主回路的交流耐压试验**

交流耐压试验的流程与出厂试验相同，试验电压值应为出厂试验电压的80%，并且主回路在$1.2U_r/\sqrt{3}$电压下，应进行局部放电检测。

6. **组合电器的操动试验**

组合电器的操动试验，要求应按产品技术条件的规定进行，动作过程中应保证联锁与闭锁装置动作准确可靠。

7. **气体密度继电器、压力表和压力动作阀的检查**

对于安装在组合电器上的表计，应在充气过程中检查动作值，对比产品技术条件应满足要求；对单独运到现场的表计，应进行核对性检查。

四、带电检测

带电检测是一种在设备运行状态下对设备状态量进行现场检测的方法，通常在短时间内进行检测，用于发现缺陷早期特征量，为及时发现缺陷提供依据。如表4－10所示，GIS带电检测试验项目通常包括红外热像检测、SF_6气体湿度检测、特高频局部放电检测及超声波局部放电检测等。

表4－10　　GIS带电检测试验项目

序号	项目	周期
1	红外热像检测	500kV及以上：1月； 220～330kV：3月； 110（66）kV：半年

续表

序号	项目	周期
2	SF_6 气体湿度检测	3 年
3	特高频局部放电检测	220kV 及以上：1 年； 110（66）kV：2 年
4	超声波局部放电检测	220kV 及以上：1 年； 110（66）kV：2 年

注　引自《气体绝缘金属封闭开关设备运行维护规程》（DL/T 603—2017）。

1. 超声波局部放电检测

GIS 内部常见的毛刺、悬浮电位、金属颗粒等缺陷在运行过程中会伴随超声波信号，并通过介质传播到 GIS 设备外壳，频带为 20～80kHz（如图 4－1～图 4－3 所示）。超声波局部放电检测的原理是在 GIS 外壳上放置传感器，检测 GIS 中局部放电产生的超声波特征量信息，进而检测 GIS 内部局部放电情况。

超声波传感器与电力设备的电气回路无任何联系，不受电气方面的干扰，但是易受周围环境噪声或设备机械振动的影响。

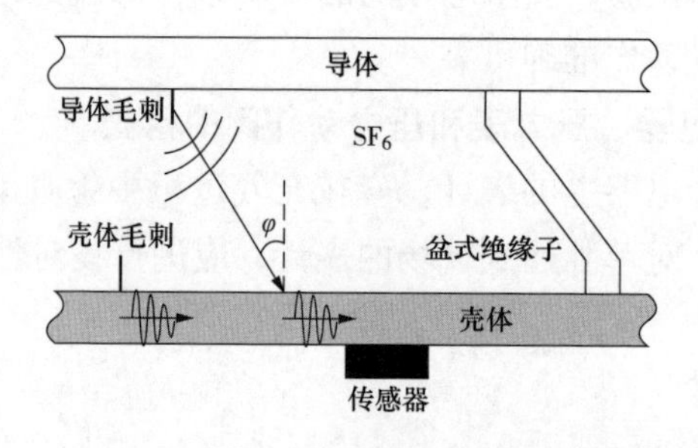

图 4－1　毛刺放电超声波检测示意图

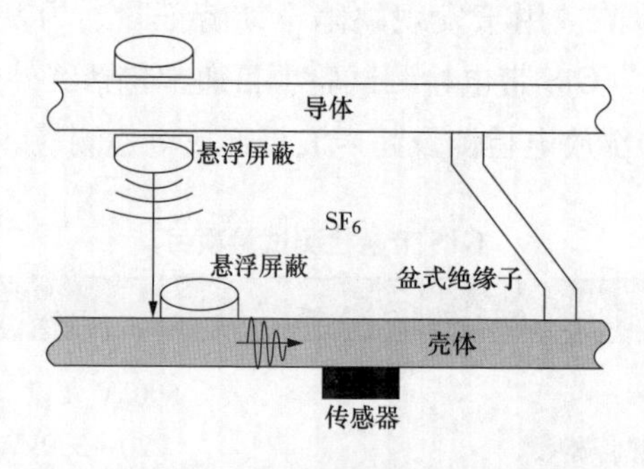

图 4－2　悬浮电位放电超声波检测示意图

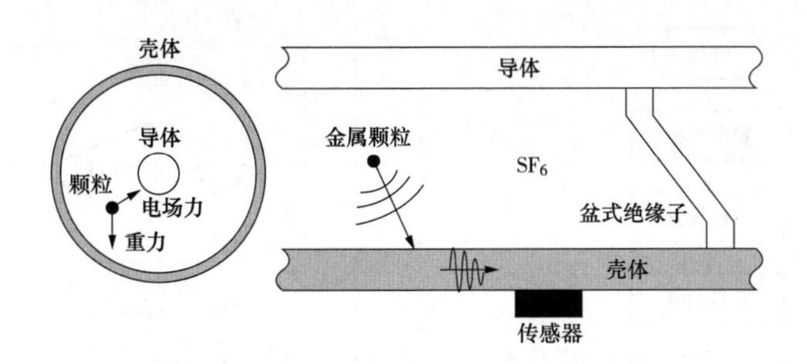

图 4－3　金属颗粒超声波检测示意图

（1）检测周期。

1）新安装及 A、B 类检修重新投运后 1 个月内。

2）新安装及 A 类检修后的 GIS 设备，在主回路现场交接耐压试验完成后；GIS 设备恢复电压互感器、避雷器与主回路连接后。

3）正常运行设备，1000kV 电压等级设备 1 个月 1 次；220～750kV 设备 1 年一次；110（66）kV 及以下设备 2 年一次。

4）检测到 GIS 有异常信号但不能完全判定时，可根据 GIS 设备的运行工况，缩短检测周期。

5）必要时。

6）对于运行年限超过 15 年的 GIS 设备，宜缩短检测周期。

（2）检测条件。

1）环境要求：

a）环境温度宜为 +10～+40℃。

b）环境相对湿度不宜大于 85%；若在室外，不应在有大风、雷、雨、雾、雪的环境下进行检测。

c）在检测时应避免大型设备振动、人员频繁走动等干扰源带来的影响。

d）通过超声波局部放电检测仪器检测到的背景噪声幅值较小、无 50Hz/100Hz 频率相关性，不会掩盖可能存在的局部放电信号，不会对检测造成干扰。

2）待测设备要求：

a）设备处于带电运行状态或施加试验电压状态。

b）设备气室为额定压力。

c）设备外壳清洁，无覆冰等影响检测的杂物。

d）设备上无其他外部作业。

e）设备的测试点宜在出厂及第 1 次测试时进行标注，以便今后的测试及比较。

（3）检测步骤。超声波局部放电检测步骤如图 4－4 所示。

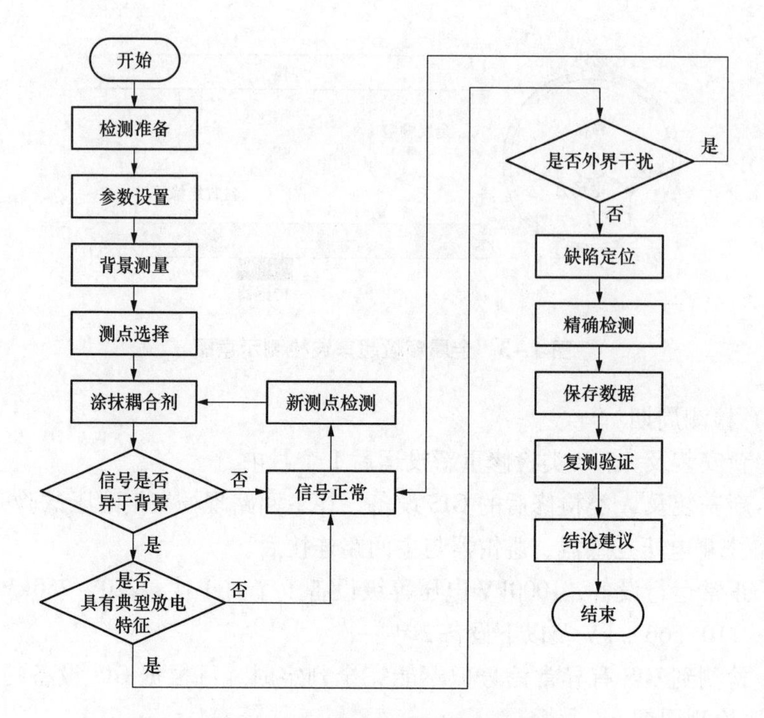

图 4－4　超声波局部放电检测步骤

（4）缺陷类型识别。不同类型的缺陷具有典型的特征，见表 4－11。

表 4－11　　不同缺陷类型特征量

判断依据	自由颗粒	电晕放电	悬浮电位	机械振动
周期峰值/有效值	高	低	高	高
50Hz 频率相关性	无	高	低	有
100Hz 频率相关性	无	低	高	高
相位特征	无	有	有	有

在结合以上典型放电特征量的基础上，异常判断需要通过对比进行：

1）与空间背景进行比对，明显异于空间背景。

2）与同类设备或相邻设备之横向比较，比如 A、B、C 三相的比较，有明显差异。

3）对比同一部位的历史数据，有明显增长。

4）与典型放电图谱对比，具有明显的放电特征。

（5）缺陷处理策略。

1）电晕放电：根据现有经验，毛刺一般在壳体上，但导体上的毛刺危害

更大。只要信号高于背景值，都应根据工况酌情处理；在耐压过程中发现毛刺放电现象，即便低于标准值，也应进行处理。

2）悬浮放电：电位悬浮一般发生在开关气室的屏蔽松动、电压互感器和电流互感器气室绝缘支撑松动或偏离、母线气室绝缘支撑松动或偏离、气室连接部位接插件偏离或螺母松动等。

对于126kV GIS 设备，如果 100Hz 信号幅值远大于 50Hz 信号幅值，且 $U_{peak} > 10mV$，应缩短检测周期并密切监测其增长量，如果 $U_{peak} > 20mV$，应停电处理。对于363kV 和550kV 及以上 GIS 设备，应提高标准。

3）自由颗粒放电：背景噪声 $< U_{peak} < 1.78mV$，可不进行处理。

$1.78mV < U_{peak} < 3.16mV$，应缩短检测周期，监测运行。

$U_{peak} > 3.16mV$，应进行检查，只要 GIS 内部存在颗粒，就是有害的。

4）机械振动：当磁铁共振时，3 倍磁密度的增加将导致励磁电流、电压互感器的正常值过大，正常电流可能达数百甚至数千倍，由于过度励磁，电压互感器会发出不正常的嗡嗡声，从而引起 GIS 外壳的剧烈振动。

2. 特高频局部放电检测

当局部放电在 GIS 内部很小的范围内发生时，击穿过程很快，将产生很陡的脉冲电流，其上升时间小于 1ns，并激发出高达数百兆赫的电磁波，沿气室间隔传播，在 GIS 外壳的金属非连续部位泄漏出来。通过特高频局部放电传感器接收该信号，能够反映出 GIS 内部是否存在局部放电情况。该方法具有检测灵敏度高、信号传输衰减慢、现场该频段干扰小、不受机械干扰等优点，可实现定位、缺陷类型识别等。特高频局部放电检测用到的传感器分内置和外置两种，如图 4－5 和图 4－6 所示。

GIS 的金属同轴结构可视为一个良好的电磁波导，放电所形成的高阶电磁波 TE 和 TM（$f > 300MHz$），可沿波导方向无衰减地进行转播。每经过一个绝

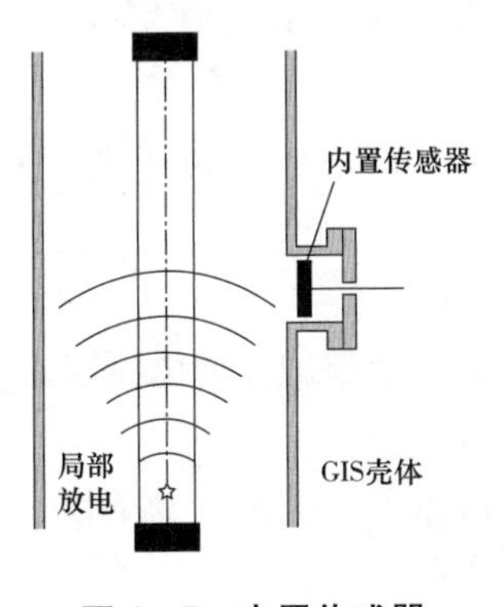

图 4－5　内置传感器

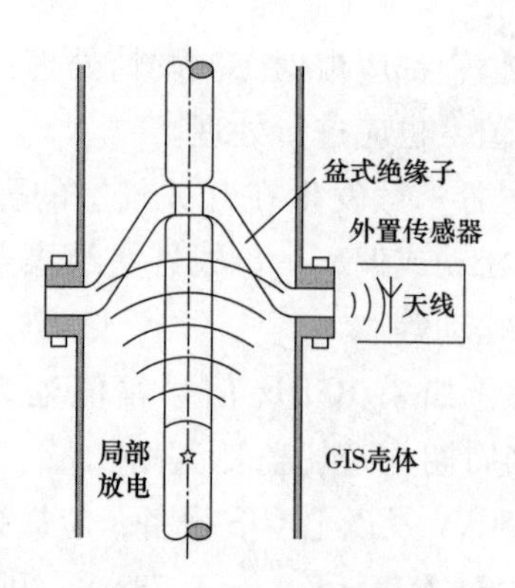

图 4－6　外置传感器

缘屏障会造成 2dB 信号衰减；每经过一个转角结构会造成 6dB 信号分散。

（1）检测周期。

1）新安装及 A、B 类检修重新投运后 1 个月内。

2）新安装及 A 类检修后的 GIS 设备，在主回路现场交接耐压试验完成后；GIS 设备恢复电压互感器、避雷器与主回路连接后。

3）正常运行设备，1000kV 电压等级设备 1 个月 1 次；220～750kV 设备 1 年一次；110（66）kV 及以下设备 2 年一次。

4）检测到 GIS 有异常信号但不能完全判定时，可根据 GIS 设备的运行工况，缩短检测周期。

5）必要时。

6）对于运行年限超过 15 年的 GIS 设备，宜缩短检测周期。

（2）检测条件。

环境要求：

1）环境温度不宜低于 5℃。

2）环境相对湿度不宜大于 85%；若在室外，不应在有雷、雨、雾、雪的环境下进行检测。

3）在检测时应避免手机、雷达、电动马达、照相机闪光灯等无线信号的干扰。

待测设备要求：

1）设备处于带电运行状态或施加试验电压状态。

2）设备气室为额定压力。

3）设备外壳清洁，无覆冰等影响检测的杂物。

4）设备上无其他外部作业。

5）绝缘盆子为非金属封闭，或者有金属屏蔽但浇注口可以打开，或具有

观察窗及其他绝缘件外露部位，或内置有特高频传感器。

（3）检测步骤。特高频局部放电检测步骤如图 4－7 所示。

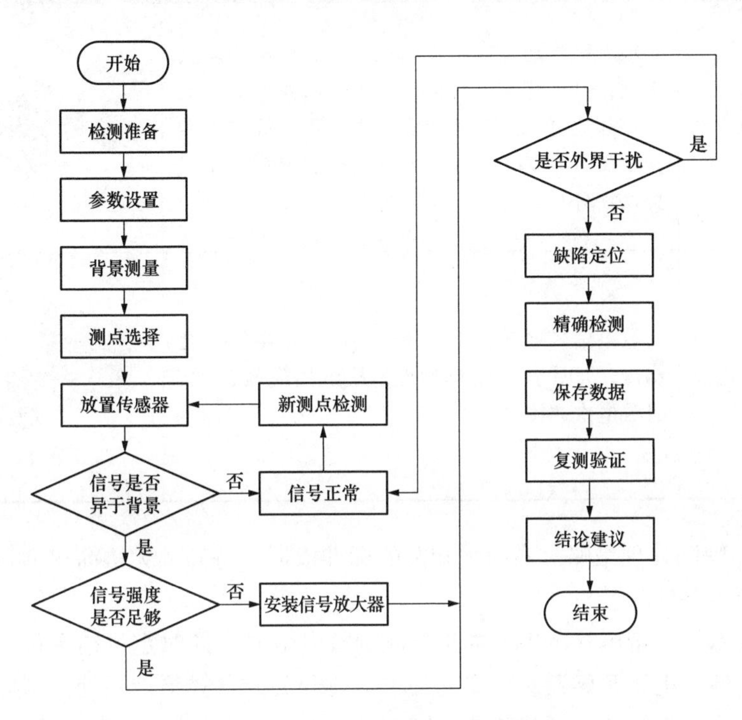

图 4－7　特高频局部放电检测步骤

（4）缺陷类型识别。不同类型的缺陷具有典型的特征，见表 4－12。

表 4－12　　不同缺陷类型特征量

放电类型	特征值	典型图谱
电晕放电	放电的极性效应非常明显，通常在工频相位的负半周或正半周出现，放电信号强度较弱且相位分布较宽，放电次数较多。但较高电压等级下另一个半周也可能出现放电信号，幅值更高且相位分布较窄，放电次数较少	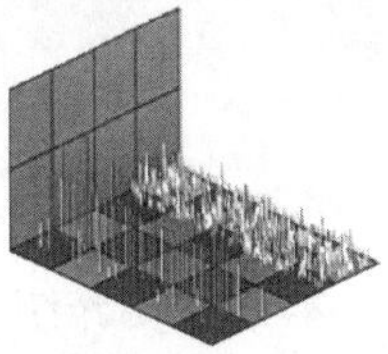
自由颗粒放电	局部放电信号极性效应不明显，任意相位上均有分布，放电次数少，放电幅值无明显规律，放电信号时间间隔不稳定。提高电压等级放电幅值增大但放电间隔降低	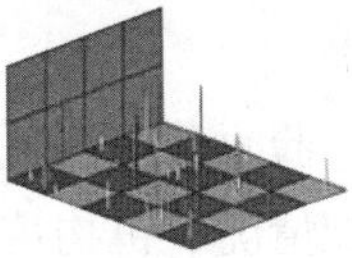

续表

放电类型	特征值	典型图谱
悬浮电位放电	放电信号通常在工频相位的正、负半周均会出现，且具有一定对称性，放电信号幅值很大且相邻放电信号时间间隔基本一致，放电次数少，放电重复率较低。PRPS 谱图具有内八字或外八字分布特征	
空穴放电	放电信号通常在工频相位的正、负半周均会出现，且具有一定对称性，放电幅值较分散，且放电次数较少	

（5）缺陷处理策略。当前无相关的标准依据，特高频无法简单通过信号大小来判断危害性。

在局部放电带电检测中，如果检测到放电信号，同时定位结果位于重要设备如断路器、电压互感器、隔离开关、接地开关或盆式绝缘子处，则应尽快安排停电检修。如果放电源位于非关键部位，则应缩短检测周期，关注放电信号的强度和放电模式的变化。

检测到信号为绝缘内部放电或绝缘表面放电，则应尽快安排停电检修，隔离开关屏蔽罩悬浮放电可通过操作后观察信号趋势来决定是否检修；细小的尖刺放电可通过跟踪检测，关注信号强度变化来决定是否检修。

本章小结

本章主要介绍了 GIS 的安装、验收和相关试验流程。GIS 安装过程包括设备就位、连接、附件安装、气体处理、二次部分安装等，强调了安装前准备的重要性，如组织、安全及技术措施的落实以及对安装环境和安装基础的高要求。

验收环节涵盖厂内验收、到货验收等六个关键环节，重点检查设备外观、装配情况、机构传动等是否符合标准。GIS 试验包括型式试验、出厂试验和交接试验，验证设备设计、制造工艺及技术性能。带电检测作为运行中检测手段，通过多种检测项目及时发现设备潜在缺陷。

整体而言，GIS 设备的安装和验收是一个系统性、高标准的过程，涉及多个阶段和细节，旨在确保设备的安全、可靠和长期稳定运行。

本章测试

1. 安装 SF_6断路器有哪些技术要求？
2. GIS 交接试验项目及要求有哪些？
3. 户外 GIS 安装应该具备哪些条件？

第五章

GIS典型缺陷分析

本章介绍 GIS 常见故障的原因分析和处理方法。通过要点归纳、典型案例，熟悉 GIS 的常见故障现象，掌握各种 GIS 常见故障的处理方法。

GIS 金属全封闭绝缘组合电器的故障可以分为以下两种：

（1）GIS 设备控制操作回路故障及操动机构故障，包括就地控制柜二次回路接触不良及控制继电器损坏故障，隔离开关、接地开关机构、快速接地开关机构、断路器操动机构故障等。

（2）GIS 设备本体故障，包括气室密封紧密性、微水超标、导体接触不良、绝缘击穿、受潮等与主回路密切相关的故障等。

第一节　GIS 组合电器常见故障现象、原因分析及处理措施

GIS 组合电器常见故障现象、原因分析及处理措施见表 5－1。

表 5－1　　GIS 组合电器常见故障现象、原因分析及处理措施

序号	故障现象	原因分析	处理措施
1	电动操作发生故障不动作	控制或电动机回路电压降低或失压	提供正常电压，检查控制电源是否正常
		控制或电动机回路的开关、接触器的触头接触不良或烧毁	清理、检修或更换有故障的触头或开关
		控制或电动机回路接线接触不良或断线	检查回路的通断，紧固接线，更换不通的导线
		接触器线圈断线或线圈烧毁	检修或者更换相应接触器
		热继电器动作，切断了接触器线圈回路	手动对热继电器进行复位。必要时检查热继电器动作原因并采取措施
		压力低导致相应闭锁，致使压力开关不动作	检查压力值是否正常，检查压力开关接触点是否良好

续表

序号	故障现象	原因分析	处理措施
1	电动操作发生故障不动作	外部连锁回路不通	检查有关设备、元件的状态是否满足外部的连锁条件。检查外部连锁回路及有关设备、元件的连锁开关及触头是否完好，动作正常
		闭锁杆处于闭锁位置	释放闭锁
2	手动操作不能进行	控制回路电压降低或者失压，连锁电磁铁不能动作	提供正常电压
		外部连锁回路不通，连锁电磁铁不能正常通电动作	检查有关的设备、元件的状态是否满足外部连锁条件。检查外部连锁回路及有关设备、元件的连锁开关及触头是否完好，动作正常
		连锁电磁铁线圈断线或烧坏；该回路连锁开关有故障；接线松动或断线	检修或者更换线圈、开关，检查相应的回路
		操作手柄操作不正确	安装说明书规定的方法操作
		闭锁杆处于闭锁位置	释放闭锁
3	分闸或合闸不到位、卡涩	限位开关调整不当或松动	调整限位开关
		分合闸指示器调整不到位或锁紧螺母有松动	调整指示器，拧紧缩进螺母
		机构有机械故障	慢分、慢合检查，检修排除故障
4	气体压力降低报警、气体压力降低闭锁	SF_6 组合电器漏气	带电补气到额定压力，采用红外检测仪等工具带电检漏，再结合停电检修漏气部位
		SF_6 气体密度继电器动作值不准确	对气体密度继电器动作值进行校验，适当情况下进行更换
5	局部放电、击穿	盆式绝缘子上有颗粒	用局部放电试验检查
		自由颗粒	用酒精清洗盆式绝缘子上的颗粒
		导体上或壳体上有毛刺	用百洁布擦掉毛刺，或者用三氯乙烷清洗导体、壳体上的毛刺
		盆式绝缘子内部缺陷	清除盆式绝缘子内部缺陷
		悬浮屏蔽	禁锢机械屏蔽螺栓

第二节　GIS 典型缺陷故障处理案例

一、GIS 设备控制操作回路故障及操动机构故障

GIS 设备控制操作回路故障及操动机构故障包括就地控制柜二次回路接触不良及控制继电器损坏故障，隔离开关、接地开关机构、快速接地开关机构、断路器操动机构故障等。以下给出一些本体故障的具体案例。

案例一

500kV 变电站 3 号主变压器 220kV 断路器 B 相拒分缺陷

（一）故障概况

2016 年 9 月 13 日，某电力公司的 500kV 变电站 3 号主变压器 220kV 断路器拒分，分闸线圈烧毁。现场进行线圈低电压试验时，仍出现拒分现象，缺陷情况与之前类似。为查明故障原因，该电力公司组织人员对 B 相机构进行解体分析。

（二）设备信息

3 号主变压器 220kV 断路器出厂日期为 2014 年 9 月，投运日期为 2015 年 6 月，机构型号 CT□。

（三）现场处理

1. 机构外观检查

整体上看，机构部件表面多处存在明显锈蚀。机架因长时间受潮表面有白色氧化腐蚀斑点，机构内部零部件存在不同程度锈蚀，因此判断机构较长时间处于潮湿的工作环境下。机构锈蚀情况如图 5－1～图 5－3 所示。

对合闸保持分闸脱扣系统解体后发现：输出拐臂上各处轴销、轴承、滚轮等传动部件出现不同程度锈蚀现象，卡涩严重。

（1）合闸保持掣子上的滚子卡涩明显，手动转动已经较不灵活。

（2）输出拐臂锁扣轴销卡涩非常严重，轴销与轴套已经黏连卡涩，无法转动。

图 5-1　机架表面氧化斑点

图 5-2　凸轮表面锈蚀

图 5-3　合闸滚轮表面锈蚀

（3）合闸能量转换都采用凸轮推动滚轮的结构，输出拐臂上滚轮锈蚀、卡涩严重，也已经无法转动。在合闸过程中，使滚动摩擦变成滑动摩擦，大大增加了合闸阻力。

2. CT□型弹簧操动机构结构原理

CT□型弹簧操动机构主要由储能系统、储能保持合闸脱扣系统、合闸保持分闸脱扣系统、合闸弹簧装配及分闸弹簧装配部分组成。如图 5-4 所示，弹簧操动机构的输出拐臂通过连接板（杆）与开关连接，机构的分、合操作通过连接板（杆）、轴密封杆、绝缘拉杆带动动触头快速进行，实现断路器的分、合闸。

合闸保持分闸脱扣系统主要零件包括合闸保持掣子、分闸触发器、分闸线圈及输出拐臂。该系统由两级锁扣组成：第一级由合闸保持掣子与输出拐臂在轴销处锁扣；第二级由分闸触发器与合闸保持掣子在滚子处锁扣。各零件位置及结构原理如图 5-4 所示。

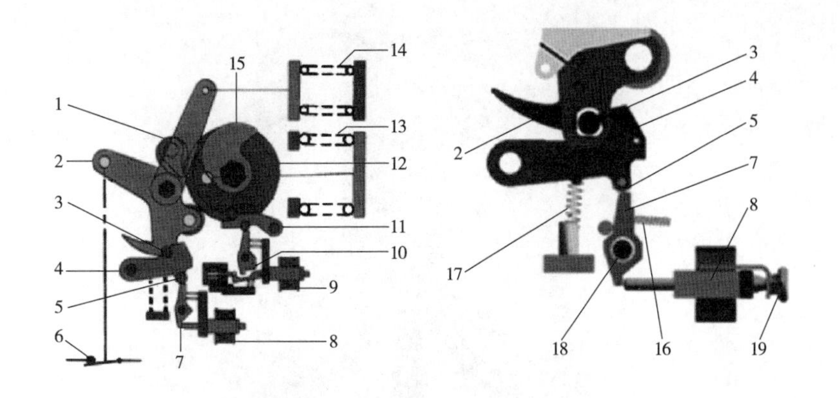

图 5－4　CT□型弹簧操动机构结构原理图

1—棘爪；2—输出拐臂；3—轴销；4—合闸保持掣子；5—滚子；6—灭弧室；7—分闸触发器；8—分闸线圈；9—合闸线圈；10—合闸触发器；11—合闸弹簧储能保持掣子；12—棘轮；13—合闸弹簧；14—分闸弹簧及缓冲器；15—凸轮；16—分闸掣子复位弹簧；17—合闸保持掣子复位弹簧；18—圆柱销；19—手动分闸按钮

3. 传动部件材质分析

根据厂家设计图纸，轴销采用牌号为20CrNiMo的合金钢材，轴套、滚子采用牌号为GCr15的合金钢材。20CrNiMo的钢材主要用作要求高强度、高韧性、截面尺寸较大的和较重要的调质零件，如传动轴等。GCr15的钢材综合性能良好，淬火和回火后硬度高而均匀，耐磨性、接触疲劳强度高，热加工性好，球化退火后有良好的可切削性，但对形成白点敏感，用于制造机械的传动轴上的钢球、滚子、轴套等部件。根据相关标准，机构传动部件采用这两种牌号的钢材符合要求，但该金属长期处于潮湿环境下，确实会锈蚀。

手持式合金分析仪对轴销、轴套、滚轮等相关零部件进行了材质成分分析。分析结果表明各试品的材质成分满足行业标准要求。

4. 机构箱检查

经仔细检查，机构箱进水点主要在以下两处：一是断路器筒体与机构箱连接法兰四周；二是机构箱与汇控柜连接处。进水部位如图5－5所示。

5. 现场对锈蚀严重的3号主变压器220kV断路器B相机构做更换处理

（四）原因分析

故障的主要原因为机构较长时间处于潮湿环境下，各传动部件锈蚀，摩擦阻力增大。

图 5-5 机构箱进水部位

(1) 机构合闸动作时，轴销 3 无法完全进入合闸保持掣子 4 的凹槽，分闸触发器 7 无法复位。

(2) 轴销 3、滚子 5 的锈蚀、卡涩，使得轴销 3 卡在凹槽口，无法滑出凹槽，导致断路器无法分闸。

(3) 机构在接到分闸指令后，分闸触发器顶杆撞击不到分闸触发器，无法分闸，分闸线圈长时间通电烧损。

(五) 后续措施和建议

(1) 对在运的同类型设备进行专项排查，检查分闸触发器、合闸保持掣子复位情况；检查机构锈蚀情况，重点检查轴销、轴套、滚子、滚轮等传动部件的锈蚀情况，并制定处理措施。

(2) 加强开箱巡视，发现机构箱内有进水现象应及时处理。

(3) 对多雨水天气地区运行的设备应加强机构箱防水技术处理，如采用高性能防水胶、特殊部位加装防雨罩等措施。

案例二

220kV 变电站 ××2Q03 断路器 A 相合闸异常分析报告

(一) 故障概况

9 月 1 日，某电力公司 220kV 变电站 ××2Q03 断路器复役过程中，××2Q03

断路器遥控合闸后，D5000 后台报 ××2Q03 线断路器储能电机故障， ××2Q03 断路器机构弹簧未储能， ××2Q03 第一、二套微机保护开关油压低重合闸闭锁。

（二）设备信息

GIS 型号：ZF□ -252，断路器型号：LW□ -252，生产厂家： ××开关电气有限公司，出厂时间：2012 年 2 月，投运时间：2012 年 9 月。

根据反措要求安排厂家对该断路器弹簧机构合闸不到位导致拒分的隐患进行专项排查。工作内容包括：①CT□ - IV 型 GIS 断路器合闸弹簧压缩行程不足造成分、合闸不到位；结合停电调整 CT□ - IV 型 GIS 断路器合闸弹簧行程，调整后对断路器分、合闸速度进行测试，必要时更换合闸弹簧；② ×××第一套保护（WXH -803A/B6/ZJ）程序升级、通道联调、传动、执行新整定单。

（三）现场处理

现场人员就地检查为“开关电机运转过流过时报警”动作，无法复归，断路器储能电机未烧毁。检修人员到达现场后检查发现，A 相断路器机构垂直传动杆外露尺寸较正常的 B、C 相明显偏大，A 相断路器机构垂直传动杆动作不到位，如图 5 -6 所示，判断为 A 相断路器机构合闸不到位，此时 A 相机构已无法分闸，且合闸储能未完全释放，使电机空转，超时后切断电机电源并发出“开关电机运转过流过时报警”信号。

(a)

(b)

图 5 -6 垂直传动杆位置对比

(a) A 相垂直传动杆位置；(b) 正常的垂直传动杆位置

将××2Q03线改为热备用状态后，检修人员首先将××2Q03A相断路器机构撬至合闸状态，重新对开关储能后将断路器手动分闸。因需对断路器做进一步检查试验，要求将××2Q03线改为断路器及线路检修状态。

对断路器机构外观检查未发现明显异常，测量机构凸轮间隙，合闸弹簧压缩量数据均合格，数据见表5－2。

表5－2　××2Q03断路器间隙检查

测量项目	技术要求	A相测量值	B相测量值	C相测量值
凸轮间隙	1.1～1.7mm	1.2	1.2	1.2
合闸弹簧压缩量	15～40mm	30	33	32

对断路器进行机械特性试验，测量数据见表5－3和图5－7。

表5－3　××2Q03断路器机械特性试验数据

试验项目	技术要求	A相测量值	B相测量值	C相测量值
合闸时间	80～110ms	93.9	97	97.2
合闸速度	2.9～3.6m/s	2.96	3.19	3.29
分闸时间	21～30ms	25.8	26.2	26
分闸速度	7.2～8.0m/s	7.21	7.78	7.24

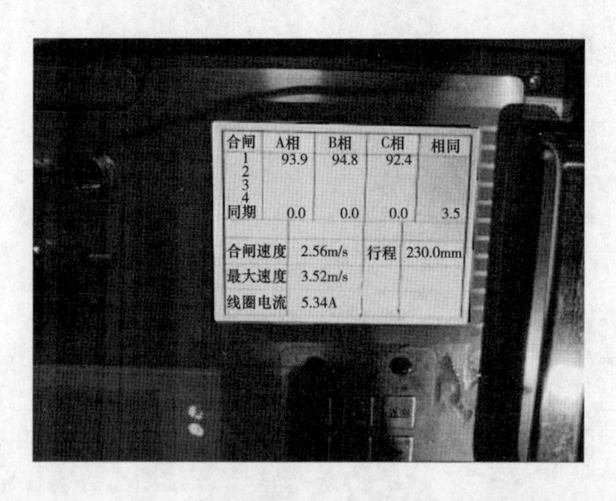

图5－7　××2Q03断路器A相机械特性试验数据

上述试验数据均在合格范围内，从试验数据可以看出，断路器A相合闸速度较B、C相偏慢，已在合格范围下限，易导致断路器合闸力不足，造成断路

器合闸不到位。绍兴公司使用的机械特性测试仪传感器为通用速度传感器，对各厂家断路器机构并不能做到完全匹配，上述数据可作为参考，但从 A 相合闸速度较 B、C 相偏慢这一现象，也能说明一定的问题。需厂家带专用试验仪器对该断路器机械特性进行复测后方可判断断路器合闸不到位的真正原因。

傍晚厂家人员到达现场后，检修人员使用厂家的机械特性仪再次对××2Q03 断路器进行机械特性测试。对断路器 A 相测试 5 次，B、C 相各测试 2 次，机械特性数据均在标准范围内，且在标准范围中段。A 相 5 次机械特性数据见表 5－4。

表 5－4　　××2Q03 断路器未调整前 A 相机械特性数据

次数	合闸时间（80～110ms）	合闸速度（2.9～3.6m/s）	分闸时间（21～30ms）	分闸速度（7.2～8.0m/s）
1	94.2	3.31	25.8	7.38
2	94.5	3.28	26	7.36
3	94	3.29	26.3	7.28
4	93.5	3.35	25.8	7.29
5	93.5	3.34	26	7.32

对断路器机构 A 相垂直传动杆用硅脂进行润滑后再次测试机械特性，数据见表 5－5。

表 5－5　　××2Q03 断路器 A 相垂直传动杆润滑后机械特性数据

次数	合闸时间（80～110ms）	合闸速度（2.9～3.6m/s）	分闸时间（21～30ms）	分闸速度（7.2～8.0m/s）
1	94.0	3.26	26.1	7.38
2	93.6	3.35	26.1	7.35
3	93.2	3.45	25.8	7.61
4	93.4	3.38	26	7.33

通过表 5－4、表 5－5 数据对比，对断路器机构垂直传动杆润滑前后机械特性数据并无明显差别，说明断路器机构垂直传动杆润滑情况良好，排除断路器机构垂直传动杆润滑失效的问题。断路器垂直传动杆表面涂抹硅脂润滑如图 5－8 所示。

图 5-8　断路器垂直传动杆表面涂抹硅脂润滑

现场以××公司的合闸弹簧反措调整方案对该断路器 A 相机构进行调整。将 A 相合闸弹簧压缩量减少 6mm，弹簧压缩量调整为 24mm 时，断路器第 1 次合闸即出现合闸不到位现象；将弹簧压缩量调整至 26mm 时，断路器第 2 次合闸出现合闸不到位现象；将弹簧压缩量调整至 28mm 时，断路器第 5 次合闸出现合闸不到位现象；将弹簧压缩量调整至 30mm（断路器合闸弹簧初始位置）时，断路器机构前 20 次动作正常且机械特性全部合格，第 21 次出现合闸不到位现象，20 次机械特性数据见表 5-6，已复现机械特性数据，合闸速度至标准范围下限。

表 5-6　　A 相机构合闸弹簧压缩量 30mm 时机械特性数据

次数	合闸时间（80～110ms）	合闸速度（2.9～3.6m/s）	分闸时间（21～30ms）	分闸速度（7.2～8.0m/s）
1	94.4	3.13	26	7.28
2	95.1	3.30	25.9	7.30
3	95.7	3.16	25.9	7.51
4	96	3.17	25.6	7.43
5	95.6	3.12	25.9	7.52
6	95.9	3.20	26.1	7.31
7	95.3	3.25	26	7.29
8	95.1	3.23	25.6	7.21

续表

次数	合闸时间（80～110ms）	合闸速度（2.9～3.6m/s）	分闸时间（21～30ms）	分闸速度（7.2～8.0m/s）
9	95.4	3.22	26.2	7.31
10	94.9	3.29	26.1	7.24
11	96.4	3.22	26	7.32
12	95.8	3.13	25.8	7.31
13	96.2	3.07	26.1	7.2
14	95.9	3.09	26.2	7.2
15	96.4	2.94	25.9	7.31
16	95.5	3.16	25.8	7.27
17	95.1	3.25	26.1	7.2
18	95.8	3.10	26.2	7.2
19	95.9	3.18	26	7.46
20	95.7	3.2	25.7	7.23

由此可见，当弹簧压缩量逐渐增大后，断路器出现合闸不到位的概率越来越小，而断路器初始位置即弹簧压缩量为30mm时，断路器仍会复现合闸不到位现象。由此判断断路器A相合闸不到位即为合闸弹簧压缩量不足使断路器合闸力不足导致。但调整弹簧压缩量至36mm后，测试机械特性发现合闸速度已超标准范围上限，说明该合闸弹簧已无法满足厂家弹簧调整方案的裕度要求。

继续调整弹簧压缩量至32mm时，断路器动作30次均分合闸正常，且机械特性数据合格，数据在合格范围中段。最后调整弹簧压缩量至34mm后，断路器分合闸5次均正常动作，机械特性测试数据合格，未超过合闸速度合格范围上限，且断路器遥控就地分合闸均正常，未出现异常信号，各项试验合格后投运。

（四）故障原因分析

结合现场检查、测量及机械特性测试情况，可以排除凸轮间隙、断路器与机构对中、机构卡滞、灭弧室负载变大（直动密封磨损）、断路器机构垂直传动杆润滑失效原因引起的合闸不到位。初步分析为机构合闸弹簧疲劳引起，致使合闸弹簧输出功降低，进而导致合闸不到位。

并且××2Q03断路器合闸弹簧经过调整已无法满足厂家调整弹簧方案的要求，说明该弹簧质量存在问题。该型号弹簧机构无法满足断路器正常运行的需求，对电网设备的正常运行造成了很大的隐患。

（五）后续措施和建议

（1）已发生多起该型号断路器机构合闸弹簧调整后仍出现合闸不到位现象，需要求××公司另外给出一个可靠的调整方案来满足设备正常运行的需求。

（2）结合基建停电机会更换相对应断路器的合闸弹簧。

（3）将更换下的旧弹簧返厂进行试验分析，确认弹簧是否存在疲劳，P1/P2 力值是否符合标准，检测不同压缩量下，力值释放是否正常，并提供书面报告。若确定为弹簧疲劳，则结合后续综合检修等停电机会，对该批次弹簧进行整体更换、检测。

（4）要求各单位贯彻落实《GIS 断路器弹簧机构重点管控措施》，对弹簧机构的分合特性进行检查，从设计制造、基建、运维检修全过程把关。

（5）在电网运行方式允许的情况下，对长期不动作的 GIS 弹簧机构断路器进行分合闸操作试验，减少弹簧疲劳损耗导致的断路器动作异常。

（6）做到把控源头，新扩建变电站建议选用液压机构（液压弹簧机构）。

二、GIS 设备本体故障

GIS 设备本体故障包括气室密封紧密性、SF_6 气体微水超标、导体接触不良、绝缘击穿等与主回路密切相关的故障等。以下给出一些本体故障的具体案例。

案例一

110kV 变电站 ××1401 线断路器气室放电异常缺陷

（一）故障概况

2021 年 11 月 28 日晚，某电力公司 110kV 变电站 110kV ××1401 线复役操作后听到断路器气室内部有间歇性的异响声，经超声波、特高频局部放电检测发现该异响为悬浮放电引起，放电位置位于 ××1401 断路器气室中上部。

（二）设备信息：

××1401 间隔 GIS 生产厂家为 ×× 高压开关有限责任公司，设备型号为 ZF□－126（L）。2019 年 6 月 2 日，在该变电站综合检修时断路器试验正常，

投运后现场未听到异常声响，最近一次带电检测时间是2021年2月1日，超声波和特高频局部放电检测均无异常信号。

（三）现场处理

11月28日晚，××1401线复役操作后，现场操作人员听到断路器气室内部有间歇性的异声，现场人员立刻联系试验人员安排带电检测，试验人员在进行超声波局放检测和特高频局放检测时发现××1401断路器气室存在明显异常放电信号，T90（华乘电气）和PD74i（格鲁布科技）两种不同仪器均能检测到明显局放信号，信号幅值最大位置为断路器与断路器线路侧流变气室相接处下部，超声检测图谱显示放电具体特征如下：

连续模式下，信号有效值在30～35mV间跳跃变化，信号峰值在180～200mV之间跳跃变化（背景0.8mV，放大器40dB），50Hz和100Hz相关性均较为明显，但100Hz相关性更为突出，两者比值在2左右。

飞行模式下，幅值及时间间隔分布集中，无驼峰分布，可以排除气室内存在自由颗粒放电的可能性。

相位模式下，整个周期内均有信号分布，但是较大幅值的信号基本集中在第一、第三象限。

上述特征与《气体绝缘金属封闭开关设备带电超声局部放电检测应用导则》（DL/T 1630—2016）悬浮放电典型特征相符，初步判断该异常信号为较为危险的悬浮放电。另外，从异常信号的幅值大小判断，信号源位于断路器与断路器线路侧流变气室底部连接处的内部壳体附近。局部放电检测异常点位置如图5－9所示。

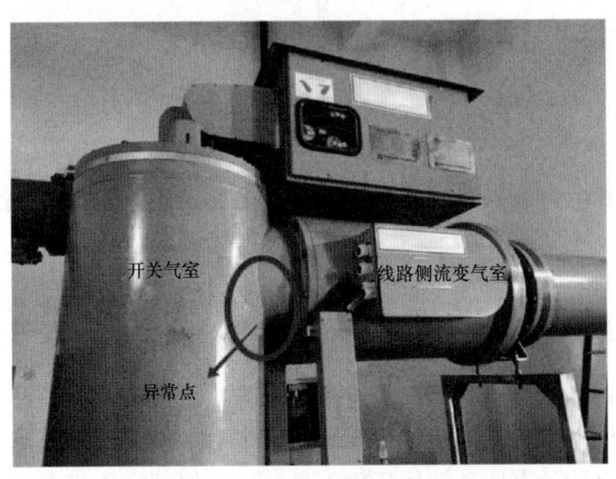

图5－9 局部放电检测异常点位置

该 GIS 设备无内置特高频传感器，其盆式绝缘子为金属屏蔽带浇注孔结构，可进行特高频局部放电检测。使用 T90 便携式局放仪在××1401 断路器两侧流变气室侧盆式绝缘子浇注孔处进行特高频局部放电检测，两处位置检测结果类似，线路侧检测图谱如图 5－10 所示。PRPD 图中显示异常信号在工频周期的正负半周均会出现，相位分布较宽，幅值分布较窄，周期内放电脉冲数较多，是较为典型的悬浮特征；观察 PRPS 图，放电信号时间间隔基本一致，放电次数少，放电重复率较低。

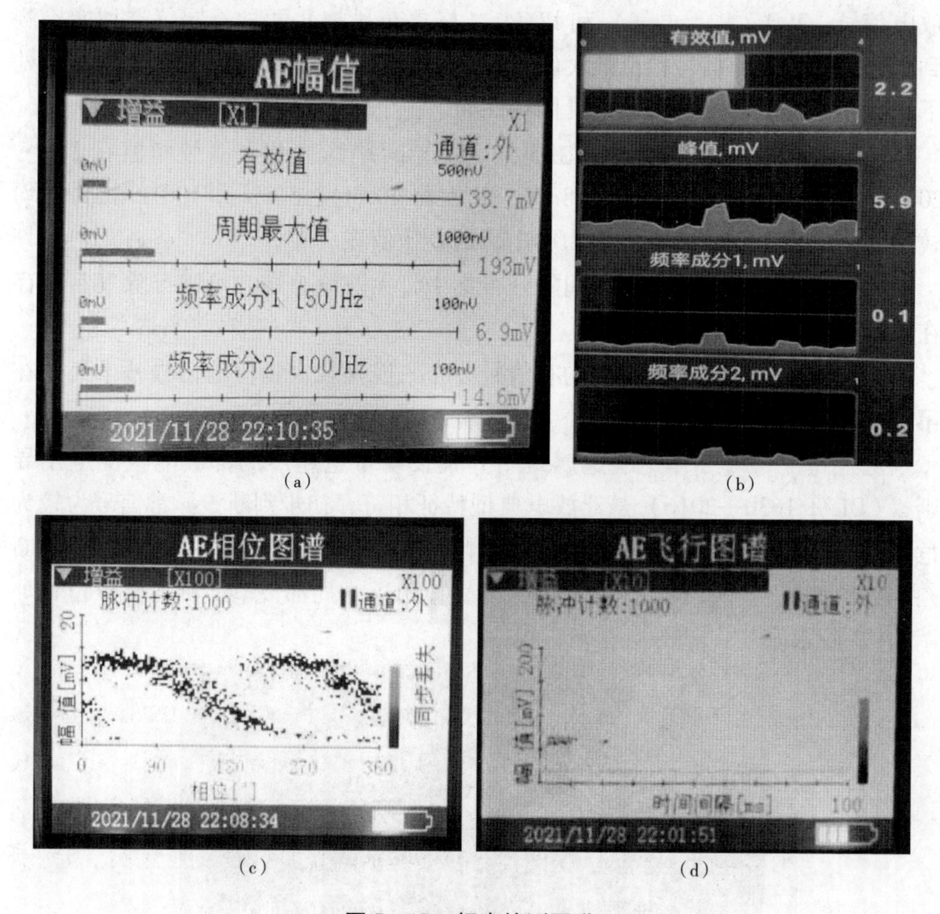

(a)　　(b)

(c)　　(d)

图 5－10　超声检测图谱

(a) T90 连续模式检测图谱；(b) PD74i 连续模式检测图谱；(c) T90 相位图谱；(d) T90 飞行图谱

对照 DL/T 1630—2016 悬浮放电典型图谱，特征与其相符，初步判断该异常信号为悬浮放电。

鉴于该放电的危害性，现场值班人员及时汇报调度将设备改为冷备用。公

司随后组织人员对断路器气室进行 SF_6 气体成分分析，数据正常；同时联系设备厂家，共同分析异响原因，并要求其整理、提供类似案例的检测报告、处理情况等资料。

厂家技术人员认为可能是电流互感器二次接线接触不良导致内部有放电声，因为其他地方也出现过类似异响。检修人员随即对流变二次线和相关回路进行了检查，未发现异常。联系相关电气科技研究院，准备对气室内部开展 X 光检测。随后相关人员和厂家一起在现场对设备进行 X 光检测和流变极性及通流试验，均未发现异常。随后经过商议，决定对××1401 断路器气室进行修前耐压试验和开盖处理。耐压试验 A、C 相正常，B 相加压至 63kV 时断路器气室内部出现异声，同步开展局放检测，与之前的带电检测结果相比，除信号幅值大小有差异外，其余特征均能对应，检测图谱如图 5－11 和图 5－12 所示。检修人员立即回收气体，打开断路器气室底部的吸附剂盖板，检修人员钻入气室

图 5－11　断路器线路流变侧盆式绝缘子特高频检测图谱

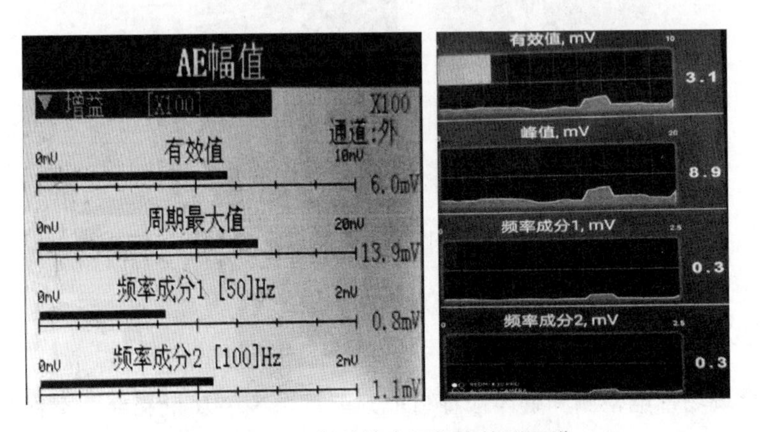

图 5－12　B 相外施电压超声检测图谱

内，用内窥镜和肉眼配合检查。最终发现气室内断路器和流变的拐角处有一把内六角扳手，扳手距离 B 相导电杆最近，如图 5－13 所示。扳手和筒体的接触部位有两处放电痕迹（如图 5－14 所示），气室内其他各部位无明显异常发现。由此初步判断，之前的异响为筒体内遗留内六角扳手引起的：内六角扳手在交变磁场下产生感应电压，对接地的 GIS 筒壁形成悬浮电位，再逐渐发展成悬浮放电。取出内六角扳手后清理干净气室内部，更换吸附剂，关闭盖板，开始抽真空工作。

图 5－13　现场处理情况

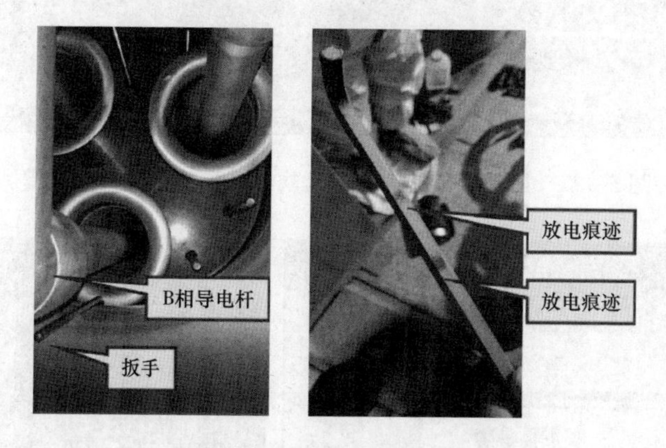

图 5－14　内部扳手位置与放电痕迹

（四）原因分析

综合现场带电检测和解体检查结果分析，××1401 断路器气室存在的异常放电及局部放电异常信号是由断路器和流变连接处下端遗留的内六角扳手引起的。内六角扳手贴在筒壁上，一端与B相导体距离较近，在磁场作用下产生感应电压，与GIS筒壁之间存在悬浮电位并持续放电。

该内六角扳手在GIS内部存在已久，为基建阶段遗留，但投运前的交接耐压试验及每年的例行检测均未检测出异常。怀疑初始位置距离带电部位较远，在××1401断路器历次分、合操作的振动下逐渐移动位置，最终在2021年11月28日的合闸操作后，内六角扳手移动到B相导杆正下方，产生的感应电压使其与GIS筒壁间的电位差达到临界值，从而触发了悬浮放电。

（五）后续措施和建议

（1）如果扳手因振动接触到导体将直接导致线路单相接地，保护动作，断路器跳开，也会给后期故障定位带来巨大阻碍。在未发现情况下，断路器多次分合振动导致扳手跌落至断路器气室底部将直接造成相间短路故障发生。

（2）扳手位置与B相较近，内部存在感应电并与GIS外壳之间持续放电，根据现场图片（见图5－14）来看扳手存在两处放电点，如果长期处于这种放电状态，放电位置会持续发热甚至烧断，落至断路器气室底部和流变气室底部，将产生更多放电点，甚至会引起GIS爆炸。

案例二

110kV变电站××1185避雷器气室异常缺陷

（一）故障概况

2022年5月4日13时30分，某电力公司的运检人员在节日特巡时发现110kV变电站××1185避雷器气室有放电异响，因异响非常明显，随即汇报调度，拉停该线路，异响消失。现场试验人员对该避雷器气室SF_6组分进行分析，发现SO_2含量为130.7μL/L，H_2S含量为117.2μL/L，两种组分气体严重超标，判断气室存在严重放电现象。

（二）设备信息

××1185避雷器为GIS结构，GIS生产厂家为××高压开关有限公司，型号为ZF□－126。避雷器生产厂家为××避雷器有限责任公司，型号Y10WF5－102/266。出厂日期为2012年6月1日，投运日期为2013年1月

12 日。××1185 间隔最近一次检修时间为 2018 年 10 月 15 日。

（三）现场处理

现场紧急拉停该线路，异常声音消失，现场试验人员对该气室 SF_6 组分进行分析，发现 SO_2 含量为 130.7μL/L，H_2S 含量为 117.2μL/L，如图 5－15 所示，两种组分气体严重超标。

图 5－15　××1185 避雷器气室 SF_6 分解物分析

检修人员对××1185 避雷器气室进行隔离拆除，并现场开盖检查，发现 A 相避雷器高压侧上方连接均压球的导电杆底部部分断裂，导致导电杆向筒体外壳倾斜，并且整个 GIS 桶壁及导电杆附着大量放电后的 SF_6 分解粉末，如图 5－16 所示。

（四）原因分析

根据现场检查情况，初步判断气室内避雷器 A 相上方导电杆安装时底部螺杆未紧固到位，在避雷器筒体多年长时间运行震动下，螺杆逐渐松动，随后该部位电场变成不均匀电场，导致间隙拉弧放电。在放电产生的高温作用下，螺杆头部部分熔化，导致整个螺杆向壳体倾斜，随着倾斜角度的增大，进一步使放电部位电场变成极不均匀电场，场强继续增大，放电剧烈，发出明显异响，并产生大量 SF_6 分解物附着在筒体及避雷器表面。

（五）后续措施和建议

（1）做到把控源头，该避雷器在厂内装配时，提高工艺水平，严格按照工序要求进行导体组装，螺纹应紧固到位。

图5-16　××1185避雷器气室开盖检查

（2）加强场内关键部位的监督与验收，强烈按照验收要求进行监督，及时发现装配问题。

案例三

220kV变电站××1D11间隔线路接地开关气室漏气异常缺陷

（一）故障概况

某电力公司220kV变电站××1D11间隔线路接地开关接地引出处C相绝缘法兰有裂纹，存在气体快速泄漏的风险。

（二）设备信息

厂家：××高压开关有限公司。GIS型号为ZF□-126。××1D11间隔线路接地开关气室如图 5－17 所示。

图 5－17　××1D11 间隔线路接地开关气室

（三）现场处理

检修人员在现场发现××1D11 线路接地开关气压明显降低，然后进行检漏，发现严重漏点后，紧急申请停电处理。检修人员紧急抢修，联系厂家准备接地引出处的绝缘法兰备品件，并准备好各检修器具以及耐压设备，组织各专业人员赶赴西子变电站现场进行抢修。到达现场后组织打开该间隔线路接地开关气室，发现该间隔线路接地开关接地引出处 C 相绝缘法兰有裂纹，如图 5－18 和图 5－19 所示。

图 5－18　××1D11 间隔线路接地开关气室缺陷所在位置

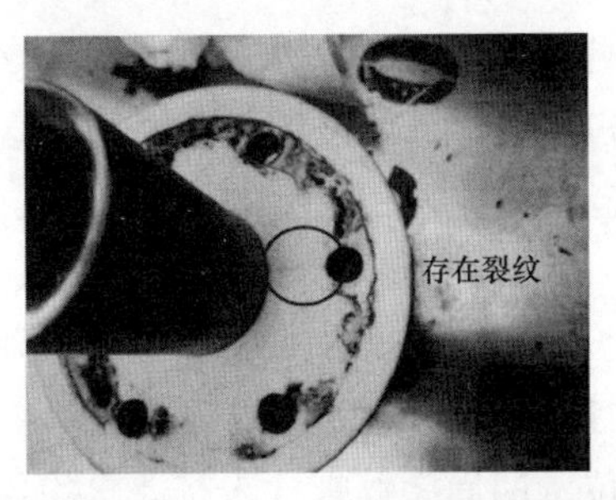

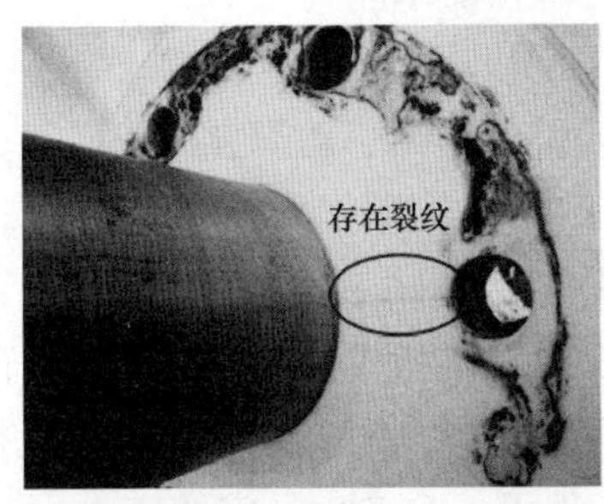

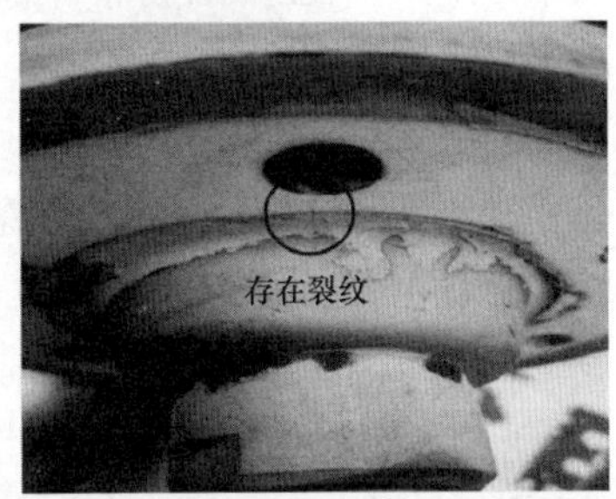

图 5-19　××1D11 间隔线路接地开关气室缺陷所在位置

联系相应厂家准备相应的备品及相应检修工具，提前组织各人员准备抢修。线路接地开关气室气体回收后，进行开盖解体设备，主要解体工作有接地开关连杆与接地开关法兰脱离、拆除接地引流排、清扫设备表面、清除原涂玻璃胶、拆除相关紧固螺栓。将该 100kg 左右法兰盘从 GIS 筒体中抬出，对该线路接地开关接地引出端进行解体检查，发现 C 相接地端绝缘法兰有明显开裂点，进行相应的更换。

随后进行相应的接地开关法兰盘复装。通过两人抬杠、第三人对接紧固口的形式，在法兰盘垂直状态下装回 GIS 筒体，完成法兰盘的复装工作，并进行线路接地开关气室的抽真空。完成抽真空工作并进行相应的气室充气，线路接地开关气室的气体回充至额定气压，相邻两气室充气至额定气压，并进行高压试验。高压试验结束后进行相应的气室分解物检测。测试全部合格后进行相应的接线板搭接，并测接线板处的回路电阻。拆掉接地线，进行恢复。工作结束后该间隔进行送电操作并恢复送电。

（四）原因分析

接地开关的绝缘法兰起到密封、支撑、绝缘的作用，绝缘法兰出现裂缝，易引起气室气体的泄漏，造成气室压力低，触发报警。若短时间气体大量泄漏，可能会造成相间短路，形成保护动作，故障范围扩大。绝缘法兰出现裂缝的原因初步判断有以下几点：

（1）西子变电站地处大山角落，空气湿度较大，绝缘端子在运行多年后，金属嵌件被大气中水分和污染物长期浸蚀，中心腐蚀会引起腐蚀产物分层并向外膨胀，受到中心嵌件金属腐蚀膨胀产生的压力作用，绝缘端子外侧孔口位置受应力会产生裂纹。

（2）接地绝缘子在长期运行后老化，材料强度下降，夜晚温度低于零摄氏度，加之接地排热胀冷缩应力等影响，会导致裂纹的产生。

（3）安装工艺不到位，四周涂锌螺栓未按要求均匀紧固，不均匀受力引起接地端引出绝缘子产生裂纹。

（4）设计结构有问题，该户外接地端引出绝缘子朝天方向安装又无防雨措施，易引起积水或雨水渗入螺栓与绝缘子间隙，低温积冰水体膨胀产生应力，受力后诱发贯穿性开裂，即裂纹沿螺栓孔贯穿。

（5）材料本身质量问题，或安装前发生过碰撞或跌落后存在应力性损伤。

（6）环氧树脂属脆性物质，抗内外力能力弱，铜质导电杆与环氧树脂绝缘子膨胀系数不完全相同，在冰冻或酷暑条件下，会产生一定的应力。

（7）接地开关调整不到位，操作过程中产生冲击力，引起绝缘盘子损坏。

（五）后续措施与建议

（1）要求××高压开关有限公司提供同型号同批次绝缘法兰在浙江公司 GIS 设备中的应用清单，编制检修方案，并进行设计、工艺升级，安排停电更换。

（2）要求××高压开关有限公司提供该批次绝缘子的材质检测报告。联系具有资质的第三方检测机构对绝缘子材质成分进行鉴定，对存在裂纹的原因进行进一步分析。

（3）在日常巡视中，运维班组要加强对接地开关绝缘法兰的检查，以及相应气室压力值的抄录。列入 C、D 级检修重点检查内容，必要时停电进行局部放电测试。

（4）强化设备源头管控，对设备及零部件加强技术监督和金属材质分析，杜绝不良设备入网。

（5）加大对该部位安装质量的监督力度，加装防雨罩，防止雨雪直接接触或阳光直射。

（6）建议厂方在设计制造设备或变电站设备安装时，更改接地端引出绝缘子朝向，避免设备因无防雨措施，引起积水或雨水渗入螺栓（尤其是针对户外设备）。

本章小结

GIS 典型缺陷分析主要介绍了金属全封闭绝缘组合电器的常见故障原因分析和处理方法。通过要点归纳和典型案例分析，帮助读者熟悉 GIS 设备常见的故障现象，针对每种现象分析可能的原因，并提供相应的处理措施。结合一些实际案例进行现场分析处理，这些案例涵盖了事件概况、故障原因分析、处理措施以及防范与建议，为金属全封闭绝缘组合电器设备的维护和故障处理提供了实用的指导。

本章测试

1. 断路器对控制回路有哪些基本要求？
2. SF_6断路器报废时，如何对气体和分解物进行处理？
3. GIS 的安装或检修对工作人员的服装有什么要求？

各章测试参考答案

第一章

1. SF_6断路器的年漏气量是怎么规定的？SF_6断路器气体泄漏可能有哪些原因？

答：年漏气量是断路器气体密封性能的指标之一，目前我国SF_6断路器年漏气量标准为不大于0.5%。

导致气体泄漏可能的原因包括：①密封不严。密封面加工方式不合适；装配环境不符合要求，尘埃落入密封面；密封圈老化；密封面紧固螺栓松动。②焊缝渗漏。③压力表渗漏。④瓷套破损或者瓷套和法兰胶装部位渗漏。

2. 在什么情况下，需要对SF_6断路器进行检漏？

答：①运行中设备发生明显气体泄漏（短时间内，密度继电器经常出现补气信号）。②分解检修后重新组装的密封面和触头。③调换压力表，密度继电器或密度表及阀门后的触头密封。④现场安装工作结束后，在现场拆装及组装过的密封面。

3. SF_6气体中的水分有哪些可能的来源及其产生原因是什么？

答：（1）新气水分不合格。原因：新气含水量超过规定值。

（2）充气时带入水分。原因：由于工艺不当，如充气时气瓶未放倒，管路、接口未干燥，装配时暴露在空气中时间过长等。

（3）绝缘件带入水分。原因：在长期运行中，有机绝缘材料内部所含的水分慢慢释放出来导致含水量增加。

（4）吸附剂带入水分。原因：如果吸附剂活化处理时间过短，安装时暴露在空气中的时间过长，其可能带入水分。

（5）透过密封件渗入水分。原因：对于正常运行的SF_6断路器，外界水蒸气的分压力远比断路器设备内部高，再加上水蒸气的分子直径比SF_6气体分子直径小，当外部环境温度越高、湿度越大，断路器内部的含水量越小，这时断路器内外水蒸气压力差越大，容易在断路器密封薄弱部位出现外部水蒸气向内部渗透的现象。

（6）设备渗漏。原因：充气接口、管路接头、铸铝件砂孔等处空气中的水蒸气渗透设备内部，造成微水升高。

（7）充气前断路器含水量不合格。原因：充气前未检查含水量，需要进行抽真空、充氮抽真空后，测量含水量，合格后再充入新的 SF_6气体。

（8）产品结构设计不合理。

第二章

1. GIS 设备有什么优、缺点？

答：GIS 设备的优、缺点如下。

优点：①采用 SF_6断路器，电压等级高，容量大，灭弧能力强。②占地面积和所占空间小。由于 SF_6具有高的绝缘强度，各导电部分和各元件之间的距离可大为缩小。③检修周期长。SF_6断路器开断性能良好，触头烧伤轻微，且 SF_6气体绝缘性能稳定，无氧化问题，各组成元件又处于封闭的壳体内，所以检修周期长。④现场安装和调试工作量小，安装方便、周期较短，维护量小。⑤运行安全可靠。由于组合电器的组成元件均置于封闭的金属外壳之中，且外壳直接接地，工作人员无触电危险；且外界的环境、气候条件和海拔高度等也影响不到壳体的内部，运行安全。⑥全部元件封闭于容器内，不受大气、环境污秽影响。⑦外壳接地对内部带电体有屏蔽作用，没有无线电及静电干扰。⑧重心较低，抗振能力较强，可以安装在室内或室外。

缺点：①结构较复杂，要求设计制造、安装调试水平高。②价格较贵，一次性投资较大。③SF_6气体对温室效应有一定的影响。④当 SF_6气体的杂质和湿度超标再遇电弧高温时，SF_6气体会产生毒性。⑤一旦 GIS 内部元件发生故障，更换起来要比敞开式设备困难。

2. GIS 设备的定义是什么？

气体绝缘金属封闭开关设备（gas - insulated metal - enclosed switchgear, GIS）是由断路器、隔离开关、接地开关、电流互感器等电气元件组成的成套气体绝缘封闭开关设备，除外部连接外，电气元件均密封在完整并接地、内部充有一定压强 SF_6 气体或其他混合气体作为绝缘介质的金属外壳内。

3. GIS 设备按内部结构型式分，可分为哪几类，各自有什么特色？

按内部结构型式的不同可以分为三相共箱式、三相分箱式，以及主母线共箱、其余部分三相分箱式。

三相共箱式 GIS 是将三相主回路元件装在一个共用的筒体内，由盆式绝缘子（隔板）将其分为不同的隔室，根据元件不同，内部充入不同压力的绝缘气体。该型式结构紧凑，占地面积小，便于运输及现场安装，由于三相共箱，三相相互影响，因此三相导体的布置和电场设计非常重要。主要应用在126kV及以下电压等级的GIS中。

三相分箱式GIS是将三相主回路元件按相别分别装在独立的筒体内，三相之间互不干扰，某一相故障时其余两相仍能继续运行。该型式占地面积大，外壳感应电流可能达到主回路电流的60%以上，因此需要装设足够数量的短接线，以形成闭环回路，再接入接地回路和接地网。主要应用在500kV及以上的GIS中。

第三章

1. 为什么断路器的分、合闸控制回路一定要串联辅助开关触点？

答：①断路器合闸时分闸回路接通，通过红灯亮监视分闸回路完好性；断路器分闸时合闸回路接通，通过绿灯亮监视合闸回路完好性。②合闸线圈和分闸线圈设计都是短时通电的，分合闸后，必须由辅助开关触点断开分合闸回路，以免烧毁线圈或继电器节点。③同一时刻，分合闸回路只能有一个接通，防止合闸命令和分闸命令同时作用于合闸线圈和分闸线圈。

2. 为什么对SF_6断路器必须严格监督和控制气体的含水量？

答：①含水量较高时，很容易在绝缘材料表面结露，造成绝缘下降，严重时发生闪络击穿。含水量较高的气体在电弧高温作用下被分解，SF_6气体与水分产生多种反应，产生WO_3、CuF_2、WOF_4等粉末状绝缘物，其中CuF_2有强烈的吸湿性，附在绝缘表面，使沿面闪络电压下降，HF、H_2SO_3等具有强腐蚀性，对固体有机材料和金属有腐蚀作用，缩短设备寿命。②含水量较高的气体，在电弧作用下产生其他化合物，影响到SF_6气体的纯度，减少SF_6气体介质复原数量，还有一些物质阻碍分解物的还原，断路器的灭弧能力受到影响。③含水量较高的气体在电弧作用下分解成化合物SO_2、SOF_2、WO_2等，均为有毒有害物质，而SOF_2、SO_2的含量会随水分的增加而增加，直接威胁到人身安全。

3. SF_6高压断路器检修如何分类？分别包括哪些项目？

答：按工作性质内容及工作涉及范围，将SF_6高压断路器检修工作分为四类：A类检修、B类检修、C类检修、D类检修。其中，A、B、C类是停电检修，D类是不停电检修。

A类检修是指SF_6高压断路器的整体解体性检查、维修、更换和试验。检修项目包括现场全面解体检修、返厂检修。

B类检修是指SF_6高压断路器局部性的检修，部件的解体检查、维修、更换和试验。检修项目包括本体部件更换、本体主要部件处理、操动机构部件更换。本体部件更换，如极柱、灭弧室、导电部件、均压电容器、合闸电阻、传动部件、支持瓷套、密封件、SF_6气体、吸附剂更换等。本体主要部件处理，如灭弧室、传动部件、导电回路、SF_6气体处理等。操动机构部件更换，如整体更换、传动部件、控制部件、储能部件更换等。

C 类检修是对 SF_6高压断路器常规性检查、维护和试验。检修项目包括预防性试验（按《输变电设备状态检修试验规程》）；清扫、维护、检查、修理；检查高压引线及端子板、基础及支架、瓷套外表、均压环、相间连杆、液压系统、机构箱、辅助及控制回路、分合闸弹簧、油缓冲器、并联电容、合闸电阻。

D 类检修是对 SF_6高压断路器在不停电状态下进行的带电测试、外观检查和维修。检修项目包括绝缘子外观目测检查；对有自封阀门的充气口进行带电补气工作；对有自封阀门的密度继电器/压力表进行更换或校验工作；防锈补漆工作（带电距离够的情况下）；更换部分二次元器件，如直流空开；检修人员专业巡视；带电检测项目。

第四章

1. 安装 SF_6断路器有哪些技术要求?

答：①熟悉制造厂说明书和图纸等有关的技术资料，编制安装、调试方案，准备好检漏仪器和氮气等。②本体安装时，各相之间的尺寸要与厂家的要求相符，特别是控制箱的位置。③套管吊装时，套管四周必须包上保护物，以免损伤套管。④接触面紧固以前必须经过彻底的清洗，并在运输时将防潮干燥剂清除。⑤六氟化硫管路安装之前，必须用干燥氮气彻底吹净管子，所有管道法兰处的密封应良好。⑥空气管道安装前，必须用干燥空气彻底吹净管子，安装过程中，要严防灰尘和杂物掉入管内。⑦充加 SF_6气体时，应采取措施，防止 SF_6气体受潮。⑧充完 SF_6气体后，用检漏仪检查管接头和法兰处，不应有漏气现象。⑨压缩空气系统（氮气），应在规定压力下检查各接头和法兰，不应有漏气现象。

2. GIS 交接试验项目及要求有哪些?

（1）测量主回路的导电电阻。测量值不应超过产品技术条件规定值的 1.2 倍。

（2）主回路的耐压试验。主回路的耐压试验程序和方法，应按产品技术条件的规定进行，试验电压值为出厂试验电压的 80%。

（3）密封性试验。气室年漏气率不应大于 1%。

（4）测量 SF_6 气体微量水含量。微量水含量的测量也应在 GIS 充气 24h 后进行，测量结果应符合如下规定：

1）有电弧分解的隔室，应小于 150ppm；

2）无电弧分解的隔室，应小于 250ppm（μL/L）。

（5）GIS 内部各元件的试验。对能分开的元件，应按标准进行相应试验，试验结果应符合规定的要求。

（6）GIS 的操动试验。当进行 GIS 的操动试验时，连锁与闭锁装置动作应准确可靠。电动、气动或液压装置的操动试验，应按产品技术条件的规定进行。

（7）气体密度继电器、压力表和压力动作阀的校验。气体密度继电器及压力动作阀的动作值，应符合产品技术条件的规定。压力表指示值的误差及其变差，均应在产品相应等级的允许误差范围内。

3. 户外 GIS 安装应该具备哪些条件？

答：（1）户外 GIS 安装必须在无风沙、无雨雪的天气下进行。作业现场应有防灰尘、雨水、风沙和防污染气体等预防措施。

（2）现场环境温度应为 -5 ~ +400℃，湿度不大于 80%。湿度较大时，应尽可能在阳光充足的晴天进行。遇到雨天或有降水预报时，不应进行气体密封部件的作业。雨天或湿度较大的情况下禁止进行气室抽真空作业。

（3）安装现场应搭建临时防尘、防潮的安装作业间（室）。安装人员进入工作间时，应换工作服、工作帽和工作鞋。

（4）安装现场保持整洁干燥，无积水、尘土和污染气体。安装前应清扫现场地面，必要时在周围洒水，并根据地面的情况，铺上踏板或罩布，以防灰尘扬起。

（5）产品开箱不能在作业区内进行，应把开箱后的单元及零部件清理干净才能送入安装作业区。

第五章

1. 断路器对控制回路有哪些基本要求？

答：（1）能够由手动利用控制开关对断路器进行分、合闸操作。

（2）能够满足自动装置和继电保护装置的要求。被控制设备备用时，能够由安全自动装置通过断路器将该设备自动投入运行；当设备发生故障时，继电保护装置能够将断路器自动跳闸，切除故障。

（3）能够反映断路器的实际位置及监视控制回路的完好。断路器无论在正常工作或故障动作、或控制回路出现断线故障时，都能够通过控制开关的位置、信号灯及相应的声光信号反映其工作状态。

（4）分、合闸的操作应在短时间内完成。由于合闸线圈、分闸线圈都是按短时通过工作电流设计的，因此分、合断路器后应立即自动断开，以免烧坏线圈。

（5）能够防止断路器在极短时间内连续多次分、合闸的跳跃现象发生。

2. SF_6断路器报废时，如何对气体和分解物进行处理？

答：SF_6断路器报废时，应使用专用的SF_6气体回收装置，将断路器内的SF_6气体进行过滤、净化、干燥处理，达到新气标准后，可以重新使用。这样既节省资金，又减少环境污染。

对于从断路器中清出的吸附剂和粉末状固体分解物等，可以放入酸或碱溶液中处理至中性后，进行深埋处理。深埋深度应大于0.8m，地点应选择在野外边缘地区、下水处。所有废物都是活性的，很快就会分解和消失，不会对环境产生长期影响。

3. GIS的安装或检修对工作人员的服装有什么要求？

答：GIS内部清洁度要求很高，要严防施工过程中经人体带入杂物（头发、纤维等），并残留在设备内部。因此对工作人员的服装有相应要求：

（1）不能穿戴粗纤维松散型服装，要求用紧密型长纤维服装，服装上不能有纽扣和口袋，且不能有毛边露在外面。

（2）工作人员要戴能将头发罩住的工作帽，穿电工胶鞋，并戴医用口罩，如果是检修断路器气室，则要戴防毒面具和防护眼镜。

（3）设备在进行拼装对接时，不准戴棉手套。安装内部母线或部件时，当其表面已用无水酒精擦干净后，工作人员必须戴医用手套，不得用手直接触摸设备表面，否则必须重新清理。

（4）工作人员进入设备筒体内工作时，必须注意清洁度的要求，带入的工具必须清理干净，并用带子系在手腕上，防止遗忘在设备内。当内部安装工作完成后，必须经验收人员仔细验收，验收合格后才能对接拼装或加装密封。

参考文献

［1］国家市场监督管理总局 国家标准化管理委员会．额定电压72.5kV及以上气体绝缘金属封闭开关设备：GB 7674—2020. 北京：中国标准出版社，2020.

［2］国家市场监督管理总局 国家标准化管理委员会．高压开关设备和控制设备标准的共用技术要求：GB/T 11022—2020. 北京：中国标准出版社，2020.

［3］中华人民共和国国家质量监督检验检疫总局 中国国家标准管理委员会：高压交流断路器：GB 1984—2014. 北京：中国标准出版社，2014.

［4］国家能源局．气体绝缘金属封闭开关设备运行维护规程：DL/T 603—2017. 北京：中国标准出版社，2017.

［5］国家能源局．气体绝缘金属封闭开关设备选用导则：DL/T 728—2013. 北京：中国标准出版社，2013.

［6］中华人民共和国国家质量监督检验检疫总局 中国国家标准管理委员会：额定电压72.5kV及以上交流隔离断路器：GB/T 27747—2011. 北京：中国标准出版社，2011.

［7］中华人民共和国国家发展和改革委员会．高压交流六氟化硫断路器：JB/T 9694—2008. 北京：中国标准出版社，2008.

［8］国家能源局．高压交流真空断路器：DL/T 403—2017. 北京：中国标准出版社，2017.

［9］国家电网有限公司．气体绝缘金属封闭开关设备局部放电带电测试技术现场应用导则：Q/GDW 11059.1—2018. 北京：中国标准出版社，2018.

［10］国家能源局．输变电设备状态检修试验规程：DL/T 393—2021. 北京：中国标准出版社，2021.

［11］国家能源局．气体绝缘金属封闭开关设备局部放电特高频检测技术规范：DL/T 1630—2016. 北京：中国标准出版社，2016.

［12］杨韧，汪金星，张悦，等．六氟化硫中痕量一氧化碳和二氧化碳的

气相色谱检测及其在断路器故障分析中的应用［J］. 色谱，2020，38（06）：702－707.

［13］王凤智，楼丹，傅正财. 应用 SF_6 与 N_2 混合气体的气体绝缘封闭开关壳体压力与电场强度研究［J］. 上海电气技术，2018，11（02）：56－60.

［14］王刘芳，刘伟，祁炯，等. 六氟化硫混合绝缘气体电气设备检测技术的研究及现场应用［J］. 安徽化工，2017，43（03）：75－79.

［15］邓云坤，马仪，陈先富，等. 六氟化硫替代气体研究进展综述［J］. 云南电力技术，2017，45（02）：124－128.

［16］崔景春，王承玉，刘兆林，等. 气体绝缘金属封闭开关设备［M］. 北京：中国电力出版社，2016.

［17］吕春泉，董双武，张龙，等. 国家电网有限公司技能人员专业培训教材［M］. 北京：中国电力出版社，2020.

［18］王志伟，陈永辉，李国强，等. 变电站设备检修［M］. 北京：中国电力出版社，2014.

［19］王成江，陈铁，等. 发电厂变电站电气部分［M］. 北京：中国电力出版社. 2013.

［20］赫尔曼·科赫，钟建英，等. GIS（气体绝缘金属封闭开关设备）原理与应用［M］. 北京：机械工业出版社. 2017.

［21］王建华，张国钢，闫静，等. 高压开关电器发展前沿技术［M］. 北京：机械工业出版社：2019.

［22］王建华，耿英三，刘志远. 输电等级单断口真空断路器理论及其技术［M］. 北京：机械工业出版社：2016.